盛新庆

著

群论思想及其力量小议

高次方程不可根式求解的理解

清华大学出版社

北京

图书在版编目（CIP）数据

群论思想及其力量小议：高次方程不可根式求解的理解/盛新庆著.—北京：清华大学出版社，2018（2024.8 重印）
ISBN 978-7-302-51162-5

Ⅰ．①群… Ⅱ．①盛… Ⅲ．①群论—研究 Ⅳ．①O152

中国版本图书馆 CIP 数据核字（2018）第 210683 号

责任编辑：鲁永芳
封面设计：常雪影
责任校对：刘玉霞
责任印制：杨 艳

出版发行：清华大学出版社
    网　　址：https://www.tup.com.cn，https://www.wqxuetang.com
    地　　址：北京清华大学学研大厦 A 座　　邮　　编：100084
    社 总 机：010-83470000　　邮　　购：010-62786544
    投稿与读者服务：010-62776969，c-service@tup.tsinghua.edu.cn
    质量反馈：010-62772015，zhiliang@tup.tsinghua.edu.cn
印 装 者：涿州市般润文化传播有限公司
经　　销：全国新华书店
开　　本：125mm×200mm　　印　　张：3.75　　字　　数：65 千字
版　　次：2018 年 10 月第 1 版　　印　　次：2024 年 8 月第 3 次印刷
印　　数：2501～2700
定　　价：39.00 元

产品编号：079550-01

序

数学是有力的，因为它能给出最精确、最严格的解答；数学是优美的，因为它能化繁为简，给人以精神的愉悦。追求力量和简洁是数学的创新之源，也是深藏于人性中的一种欲望。倘若能对数学重要概念的思想及其力量进行剖析，或许是点燃人们对力量、对简洁、对美追求的最好方式，或许也是中学素质教育或大学通识教育的一种很好的方式。本书试图进行这样的尝试。

目前专业数学书由于重系统、重严格、重知识本身，往往需要很多准备才能进入问题的核心，才能对现代数学思想有所感悟，非专业数学人士，没有这么多时间去熬、去耗、去磨；另一方面，大多数学科普读物，往往较少、较浅地进入问题的内在理路，很少进入关键问题的证明，多在外围观察，也就很难让人享受其中之妙。因为没有证明，就不可能有真正的理解，当然就更谈不上享受。

为了能聚焦于剖析数学思想及其力量，本书尝试采用一种新的叙述方式来通俗地讲数学。这种叙述方式就是：从核心问题出发，尝试从探究理论何以发明的视角,阐述核心概念产生的缘由及其力量,以及问题的解决过程。舍弃知识的系统、严格、完备,追求问题解决的连贯、彻底、通透,以便在较少的时间内能真正领悟数学背后的思想及其力量。

20世纪伟大的数学家外尔曾说:"伽罗瓦的群论在好几十年中一直被视为天书;但是,它后来对数学的整个发展产生越来越深远的影响。如果从它所包含思想之新奇和意义之深远来判断,也许是整个人类知识宝库中价值最为重大的一件珍品"*。本书以伽罗瓦群论为例,尝试从群论的发明过程和应用的角度,用通俗的语言,舍弃系统性和严格性,直述群论核心;另一方面,尝试阐发群论与微积分、复数,乃至诗歌、绘画等艺术创造背后精神的一脉相承,以便让人站在更高的山峰,领略人性的光辉。

群论是高度抽象的。抽象过程实际上就是:去掉我们熟悉事物的次要部分,留下主要部分。这样做导致两个效果:正面效果是聚集了我们的精神,便于看清事物的机理;反面效果是把我们熟悉的事物变得不熟悉了,这就是抽象概念和运算难懂的原因。群论中抽象的概念和运算构成了群论内在的理路,它们虽然不多,但是要真正理解群论思想,还是需要有点耐心,反复阅读,熟悉它们。这是绕不开的。本书阐述、分析了这些概念和运算的抽象过程,建立了群论中一系列我们不熟悉的抽象概念与我们熟悉的方程

---

* 外尔.对称[M].冯承天,陆继宗,译.上海:上海教育出版社,2002.

求解过程的联系,以便更易于理解。为了让读者能阅读下去,真正领会群论的美,我们在书中穿插了若干诗、几幅画,供赏阅。

笔者非数学专业,对群论的理解深度自知是不够的,甚至有错,望谅解。只盼本书的观察角度和叙述方式能让非数学专业人士在较少时间里较多地理解群论的精髓。

由于本书的叙述方法,一些重要概念散布在叙述中,因此,为了查询方便,特将重要概念整理出来附在书的最后。

目录

曰：

遂古之初，谁传道之？

上下未形，何由考之？

冥昭瞢暗，谁能极之？

冯翼惟像，何以识之？

明明暗暗，惟时何为？

阴阳三合，何本何化？

圜则九重，孰营度之？

惟兹何功，孰初作之？

斡维焉系？天极焉加？

八柱何当？东南何亏？

九天之际，安放安属？

隅隈多有，谁知其数？

—— 屈原《天问》

一连串天地之问，展现了诗人非凡的胸襟和品格。一个人终极关怀的问题往往决定着其最终的层次和品格。

齐白石大师的绘画有两个最主要的特征：简练与生动。如何用最洗练的水墨画出生活中的真趣是齐白石一生的中心问题，也正是对这个问题的不断探索造就了齐白石大师非凡的画艺。用他自己的话来说就是"妙在似与非似之间"。这句话用理工科的语言来说，就是掌握人或物之所以生动的生成机理，说得更直白一点就是分清主要和次要的层次关系。强化主要的、丢掉次要的，便能达到似与非似的效果。

第
1
章

多项式方程的拉格朗日求解

问题是一门学问的核心。好的问题往往能孕育出新理论、新方法、新工具。解方程就是一个很好的数学问题，它孕育了复数，由此建立了强大的复变理论及分析工具；更孕育出现代数学的开端——群论。下面就来看看解方程是如何孕育出群论的。

不妨以一元二次方程的求解为例：

$$ax^2 + bx + c = 0, \quad a \neq 0 \qquad (1)$$

这里 a、b、c 为有理数。我们知道，为了解此方程，需要做如下配方：

$$a\left(x^2 + \frac{b}{a}x + \left(\frac{b}{2a}\right)^2\right) - \frac{b^2}{4a} + c$$

$$= a\left(x + \frac{b}{2a}\right)^2 - \frac{b^2 - 4ac}{4a} = 0 \qquad (2)$$

令 $y = x + \dfrac{b}{2a}$，$s = \dfrac{b^2 - 4ac}{4a^2}$，上面方程（2）变为如下二次常数方程：

$$y^2 = s \qquad (3)$$

这样 y 便可用根式表达出来：$y = \pm\sqrt{s}$，进而原方程的两个根便可求出：

$$x_1, x_2 = \frac{-b \pm \sqrt{b^2 - 4ac}}{2a} \qquad (4)$$

分析上述求解过程可以知道：关键在于找到了变换 $y = x + \dfrac{b}{2a}$，这样原方程 $ax^2 + bx + c = 0$ 就变成了一个同等幂次的常数方程 $y^2 = s$。很自然，我们会想到：能否用此方法去求三次、四次，乃至任意次方程的根呢？不妨先看下面的三次方程：

$$ax^3 + bx^2 + cx + d = 0, \quad a \neq 0 \qquad (5)$$

仿照二次方程的求解方法,我们需要找到一个变换 $y = f(x)$,将上述方程(5)变成如下形式的三次常数方程:

$$y^3 = s, \quad s \text{ 是一个常数} \tag{6}$$

这个变换 $y = f(x)$ 具体是什么呢?是否像解二次方程那样,是一个关于 x 的一次函数?如果 $f(x)$ 是一次函数,那么自然最好,因为那样 x 便可通过解一次方程求得;如果 $f(x)$ 是二次函数,也行,因为那样 x 便可通过解二次方程求得;如果 $f(x)$ 是三次函数或更高次函数,那就不行了,因为那样 x 便需求解跟原方程幂次相等,或者更高的方程,这与求解原方程相比没有任何简化,甚至更复杂。经此分析,我们可以知道,这个变换要成功,$f(x)$ 应该是一个不超过二次的函数。下面的问题是:是否存在这样的变换呢?如果存在,这个变换的具体形式是什么呢?回答这两个问题,似乎并不容易。既然如此,我们不妨回来对二次方程的求解公式再做一点分析,看看能否找到思路。很显然,二次方程根的表达式中的根号项很重要,因为从某种意义上来说,它是将一般二次方程转化成二次常数方程(形如 $x^2 = s$)所要进行的变换。为了看清楚此变换,将方程(4)写成

$$x_1, x_2 = \frac{1}{2}\left(\frac{-b}{a} \pm \sqrt{\left(\frac{b}{a}\right)^2 - \frac{4c}{a}}\right) \tag{7}$$

根据韦达定理,

$$\begin{cases} x_1 + x_2 = \dfrac{-b}{a} \\ x_1 x_2 = \dfrac{c}{a} \end{cases} \tag{8}$$

可以知道根号部分实际上就是 $\pm(x_1-x_2)$。也就是说,经过变换式 $y_1=x_1-x_2$ 和 $y_2=x_2-x_1$ 而得的 y_1 和 y_2 满足二次常数方程(3)。由此可见,变换式是方程两个根的线性组合,组合系数是 1 和 -1。这组组合系数 1 和 -1 恰巧是二次单位根。两个具体变换式正是这组组合系数——两个二次单位根交换位置而成:变换式 y_1 是单位根 1 作为 x_1 的系数,和单位根 -1 作为 x_2 的系数组合而成;变换式 y_2 是单位根 1 和 -1 交换位置,单位根 -1 作为 x_1 的系数,和单位根 1 作为 x_2 的系数组合而成。为了便于推广到高次方程,我们把单位根 1 和 -1 作为系数,在 x_1 和 x_2 前位置的交换称为置换。据此可以推测,三次方程的变换式也应该是方程三个根的线性组合,组合系数是三次单位根 1、ω 和 ω^2,这里 $\omega^3=1$,具体变换式就应该是三次单位根 1、ω 和 ω^2 作为 x_1、x_2 和 x_3 的前系数置换而成,置换个数为 $3!=6$,具体为

$$
\begin{cases}
y_1 = x_1 + \omega x_2 + \omega^2 x_3 \\
y_2 = x_1 + \omega^2 x_2 + \omega x_3 \\
y_3 = \omega x_1 + x_2 + \omega^2 x_3 \\
y_4 = \omega x_1 + \omega^2 x_2 + x_3 \\
y_5 = \omega^2 x_1 + \omega x_2 + x_3 \\
y_6 = \omega^2 x_1 + x_2 + \omega x_3
\end{cases}
\tag{9}
$$

关于以变换式 $y_i(i=1,2,\cdots,6)$ 为根的方程应该为

$$
\prod_{i=1}^{6}(y-y_i)=0 \tag{10}
$$

根据三次单位根 ω 的性质,不难得到 $y_4=\omega y_1$,$y_3=$

ωy_2，$y_5 = \omega^2 y_2$ 和 $y_6 = \omega^2 y_1$。y_1、y_2、y_3、y_4、y_5、y_6 这 6 个变换式中，y_3、y_4、y_5、y_6 都可以用 y_1 和 y_2 来表示，故称 y_1 和 y_2 为独立变换式，于是式(10)便可简化为

$$(y^3 - y_1^3)(y^3 - y_2^3) = 0 \qquad (11)$$

因此，如果 $y_1^3 + y_2^3$ 和 $y_1^3 y_2^3$ 可由原方程系数表达，则式(11)的 6 个根便可得到。原三次方程(5)的根便可由变换式(9)反解得到。表述二次方程根与系数之间关系的韦达定理(8)，实际上对于三次方程同样有下面表述方程根与系数之间的韦达定理：

$$\begin{cases} x_1 + x_2 + x_3 = -\dfrac{b}{a} = q_1 \\[2mm] x_1 x_2 + x_2 x_3 + x_3 x_1 = \dfrac{c}{a} = q_2 \\[2mm] x_1 x_2 x_3 = -\dfrac{d}{a} = q_3 \end{cases} \qquad (12)$$

这个关系不难得到。因为既然 x_1、x_2 和 x_3 是原方程的根，那么原方程一定可以分解 $a(x - x_1)(x - x_2) \cdot (x - x_3)$，将此式展开，并与原方程对比，便可得到上述式(12)。利用式(12)，通过较为冗长的计算，$y_1^3 + y_2^3$ 和 $y_1^3 y_2^3$ 便可由原方程系数表示为

$$\begin{aligned} y_1^3 + y_2^3 &= 2q_1^3 - 9q_1 q_2 + 27q_3 \\ y_1^3 y_2^3 &= (q_1^2 - 3q_1 q_2)^3 \end{aligned} \qquad (13)$$

这样原一般三次方程(5)的根便可先通过求解式(11)，然后利用式(9)得到。

上述求解三次方程的过程再次表明：解 n 次方程的关键在于找到一个变换 $y = f(x)$，将原方程变换成高次常数方程，即 $y^n = s$。而且，这个变换一般是所有

6

方程根的线性组合，一个具体变换的组合系数对应所有单位根的一种置换，即 $y_p = \sum_{i=1}^{n} a_i^{(p)} x_i$，这里 $a_i^{(p)}$ 代表着所有单位根 $\{1, \omega, \omega^2, \cdots, \omega^{n-1}\}$ 的一个置换。以上述三次方程为例，y_1 对应的组合系数是 $\{1, \omega, \omega^2\}$，y_2 对应的组合系数是 $\{1, \omega^2, \omega\}$，$\cdots$，y_6 对应的组合系数是 $\{\omega^2, 1, \omega\}$。之所以这样选择在于：根据单位根的循环特征，可以找到 y_p 之间的简单关系，即 $y_4 = \omega y_1$，$y_3 = \omega y_2$，$y_5 = \omega^2 y_2$，$y_6 = \omega^2 y_1$，这样以所有 y_p 为根的方程 $\prod_{p=1}^{6}(y - y_p) = 0$，可以通过合并得到新方程 $(y^3 - y_1^3)(y^3 - y_2^3) = 0$。当我们将 y^3 看成一个新未知量 u，新方程就是一个关于 u 的二次方程，次数低于原三次方程。

依据同样的方法，我们看看一般四次方程是否同样可以求解？答案是肯定的。

$$ax^4 + bx^3 + cx^2 + dx + e = 0, \quad a \neq 0 \quad (14)$$

同样利用原方程(14)的根以及四次单位根组成如下变换式：

$$\begin{cases} y_1 = x_1 + x_2 - x_3 - x_4 \\ y_2 = x_1 + x_3 - x_2 - x_4 \\ y_3 = x_1 + x_4 - x_2 - x_3 \\ y_4 = x_2 + x_3 - x_1 - x_4 \\ y_5 = x_2 + x_4 - x_1 - x_3 \\ y_6 = x_3 + x_4 - x_1 - x_2 \end{cases} \quad (15)$$

注意四次单位根的完整置换个数应该为 4！＝24，这里只用了其中的 2 个单位根 1 和 −1 作为系数，在方程 4 个根前的置换。因为下面我们会看到,这样做可以更加简便地实现降次的目的。关于上述变换式 $y_i(i=1,2,\cdots,6)$ 为根的方程为

$$\prod_{i=1}^{6}(y-y_i)=0 \qquad (16)$$

因为 $y_6=-y_1$,$y_4=-y_3$,$y_5=-y_2$,由此可见 y_1、y_2 和 y_3 为独立变换式,所以方程(16)可简化为

$$\prod_{i=1}^{3}(y^2-y_i^2)=0 \qquad (17)$$

利用下面四次方程的韦达定理:

$$\begin{cases} x_1+x_2+x_3+x_4=-\dfrac{b}{a}=q_1 \\[2mm] x_1x_2+x_1x_3+x_1x_4+x_2x_3+x_2x_4+x_3x_4=\dfrac{c}{a}=q_2 \\[2mm] x_1x_2x_3+x_1x_2x_4+x_1x_3x_4+x_2x_3x_4=-\dfrac{d}{a}=q_3 \\[2mm] x_1x_2x_3x_4=\dfrac{e}{a}=q_4 \end{cases}$$

$$(18)$$

通过计算可以得到:

$$\begin{cases} y_1^2+y_2^2+y_3^2=3q_1^2-8q_2 \\[2mm] y_1^2y_2^2+y_1^2y_3^2+y_2^2y_3^2 \\[2mm] =3q_1^4-16q_1^2q_2+16q_2^2+16q_1q_3-64q_4 \\[2mm] y_1^2y_2^2y_3^2=(q_1^3-4q_1q_2+8q_3)^2 \end{cases} \qquad (19)$$

于是原四次方程(14)的根便可先通过求解三次方程(17),然后再由方程(15)求得。上述先利用原 n 次方程所有根与 n 次所有单位根构造变换式的方法是拉格朗日(Lagrange)首先采用的,似乎可以推广成为一

种求解任意次方程根的方法。是否果真如此呢？

拉格朗日采用上述方法尝试求解五次方程，但是失败了。因为仿照上述方法所得的一组完整变换式，其独立变换式个数不像上述三次、四次方程那样减少了，而是增多了。这使拉格朗日意识到五次及其更高次方程的根可能是无法用根式表达出来的。我们不妨再分析一下拉格朗日求解方法的过程，来更好地理解这一不可能性。

假设高次方程 $\sum_{i=0}^{n} a_i x^i = 0$（其中 $a_n = 1$）解的根式表达式存在，即 $x_p = f_p(a_1, a_2, \cdots, a_n)$。根据下面 n 次方程的韦达定理：

$$a_{n-1} = - \sum_{i=1}^{n} x_i$$

$$a_{n-2} = \sum_{1 \leqslant i < j \leqslant n} x_i x_j$$

$$\vdots$$

$$a_n = (-1)^n \prod_{i=1}^{n} x_i \qquad (20)$$

可以知道，方程系数又可以通过方程所有根的对称表达式表达出来，因此方程根表达式 $x_p = f_p(a_1, a_2, \cdots, a_n)$ 对于方程所有根 $\{x_1, x_2, \cdots, x_n\}$ 的任何一个置换，譬如将 $\{x_1, x_2, \cdots, x_n\}$ 置换成 $\{x_2, x_1, \cdots, x_n\}$，其根表达式不变。这种根置换表达式不变，反映了根表达式的对称性。这种对称性或许是高次方程根表达式的一个本质特征。这是从根表达式观察所看到的结论。再从求解过程角度来看，其解是多次嵌套对正常数开根号"$\sqrt[n]{s}$"的过程。我们知道，开根号所得的全体单位根均匀分布于圆周。这或许是开根号所得所有根的一个本质特征。这个开根号所得所有根的圆周均匀分布特征,显然与根表达式置换不变特征很不一样,虽然目前我们无法具体准确地说出怎么不一样。后面我们可以看到,正是基于此,法国年轻的数学家伽罗瓦(Galois)创建了群论,清晰有力地证明五次及更高次方程的根表达式不存在。

如何才能用严格清晰的语言,把开根号所得所有根的圆周均匀分布特征与根表达式置换不变特征的根本不同说清楚呢?我们还是先分析一下开根号的作用与意义。

一般说来,我们讨论的高次方程,每一项的系数都是有理数。系数相互之间的加、减、乘、除运算还是有理数。可是,系数一旦开根号,情况就不一样了。如果被开根号数不是某一有理数的整次方,那么开根号就会产生不属于有理数域的无理数。由此可见,开根号扩大了数的范围。显然,开不同层数的根号,譬如开二次方根、三次方根,甚至 n 次根号,扩大的数系范围一般也都是不一样的,这就需要研究,如何给出准确定义以及加入不同方根数后数系之间的联系。第 2 章将讨论、研究这个内容。

通过上面的分析还可知道,根置换的对称不变性是刻画扩大的数系特征的一个重要观察角度。第 3 章将研究如何准确地描述根置换对称不变性,以便说清楚开根号所得所有根的圆周均匀分布特征,与依据韦达定理得到的根表达式置换不变特征的根本不同。

空山新雨后，天气晚来秋。

明月松间照，清泉石上流。

竹喧归浣女，莲动下渔舟。

随意春芳歇，王孙自可留。

——王维《山居秋暝》

读这首诗，仿佛看到了一幅画。而且，直接点明
了画中最让人愉悦的亮点，并用语言极其传神地表达
出来——"明月松间照，清泉石上流"。

这是南宋绘画大师梁楷的《太白行吟图》。寥寥数笔,就勾画出一个洒脱放达的诗仙形象。后人称其为"减笔画"。用理工科眼光来看,绘画大师梁楷之所以能成为中国水墨写意画的开山祖师,在于他发现了一个基本的事实,并充分加以利用。这个基本事实就是:表现一个人的神采,只需要表现极少的关键部分就可以了,譬如胡须、体态、步伐,其他都是多余的。这和群论创造异曲同工。

第2章

域

由第 1 章分析可知,求解高次方程的过程是一个不断通过开根号来扩大数集范围的过程。为了说清楚这个过程,首先需要说清楚我们所要研究的数集特征;其次要研究数集的大小范围,以及不同大小数集间的关系。

数集是一个由一系列数构成的集合。那么,是否任何一个数集都是我们的研究对象呢? 或者说,我们是否把任何一个数集都看成是一样的呢? 显然不是。我们需要分门别类,找到具有共同属性的数集重点研究。这个属性就是,数集中的数经过加、减、乘、除之后仍在此数集中。换言之,这个数集对于加、减、乘、除运算是封闭的。我们把这样的数集称为一个**数域**。有理数集、实数集、复数集都是数域,分别称为有理数域、实数域和复数域,记为 **Q**、**R** 和 **C**。整数集就不是一个域,因为两个整数相除,结果极有可能不是整数。

结合到高次方程求解过程来看,实际上我们真正感兴趣的是:高次方程有理系数加上有理数开根号构成的数集。那么,这样的数集是数域吗? 举例来说,有理数加上 $\sqrt{2}$ 构成的数集是数域吗? 答案是肯定的。因为可以证明 $a+b\sqrt{2}$(a、b 都是有理数)型数,经过加、减、乘、除运算仍是 $a+b\sqrt{2}$ 型数。有理数加上 $\sqrt[3]{2}$ 构成的数集还是数域吗? 答案是否定的。因为可以验证 $a+b\sqrt[3]{2}$ 型数相乘结果就不是 $a+b\sqrt[3]{2}$ 型数。譬如:$(1+\sqrt[3]{2})(2+\sqrt[3]{2})=2+3\sqrt[3]{2}+\sqrt[3]{4}$。因此,有理数加上 $\sqrt[3]{2}$ 构成的数集不是数域,还需加上 $\sqrt[3]{4}$,才构成数域。因为 $a+b\sqrt[3]{2}+c\sqrt[3]{4}$ 型数经过加、减、乘、除运算的结果一定还是 $a+b\sqrt[3]{2}+c\sqrt[3]{4}$ 型数。

由此引出两个问题：①有理数应该怎样加入开根号数，才能保证扩充的数集是一个数域；②扩充的数域应该如何刻画其范围。

一、单代数扩域结构定理

对于第一个问题，又可细分为两个小问题：①应该至少加入多少个开根号数才能构成数域；②加入不同开根号数之后数域之间有怎样的关系。一般开根号数都是一个多项式方程的根。不难猜测，加入的开根号数数目应该与其满足的多项式方程的次数有关。可以证明如下定理：如果某个开根号数 α 满足的数域 F 上最小多项式方程 $f(x)=0$ 的次数是 n，那么还需要加入 $n-1$ 个数，才能保证扩集 E 是一个数域；而且这 $n-1$ 个数分别是 $\alpha,\alpha^2,\cdots,\alpha^{n-1}$。这 $n-1$ 个数，再加上原数域 F 的单元 1，便称为 E 的**扩域基**。这里数域 F 上最小多项式方程 $f(x)=0$ 表示 $f(x)$ 是系数属于 F 的不可约多项式。这个扩集 E 称为 F 的 n 次扩域，记为 $[E:F]=n$。这个数域中的数可以统一表示成 $\sum\limits_{i=0}^{n-1}a_i\alpha^i$，其中 a_i 属于数域 F。我们把这个定理称为**单代数扩域结构定理**。它清晰地告诉我们有理数应该怎样扩充，才能保证扩充后的数集是一个数域。为形象起见,这个定理可由图 1 表示。

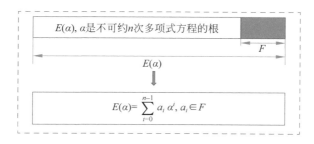

图 1 单代数扩域结构定理示意图

为了便于理解,下面简述单代数扩域结构定理的证明,严格证明可参看文献[*]。不妨假设 α 是 n 次多项式方程 $p(x)=0$ 的根。很明显形如 $\sum\limits_{i=0}^{n-1} a_i \alpha^i$ 的两个数相加或相减一定还是这样的数。下面考察两个形如这样的数相乘,不妨设相乘结果为 $f(\alpha)$,可表示成 $f(\alpha) = g(\alpha) p(\alpha) + r(\alpha)$,这里 $r(\alpha)$ 一定是 $\sum\limits_{i=0}^{n-1} a_i \alpha^i$ 型的。因为 $p(\alpha) = 0$,所以 $f(\alpha) = r(\alpha)$,这就证明了两个形如 $\sum\limits_{i=0}^{n-1} a_i \alpha^i$ 的数相乘,其结果仍是 $\sum\limits_{i=0}^{n-1} a_i \alpha^i$ 型数。再看两个 $\sum\limits_{i=0}^{n-1} a_i \alpha^i$ 型数 $f(\alpha)$ 与 $g(\alpha)$ 相除。这里 $g(\alpha) \neq 0$。因为 $p(x)$ 是 α 所满足的最小多项式,所以 $p(x)$ 一定是不可约的,故 $g(x)$ 与 $p(x)$ 互素。根据辗转相除法,一定存在 $u(x)$ 和 $v(x)$,满足 $g(x)u(x) + p(x)v(x) =$

---

* 徐诚浩.古典数学难题与伽罗瓦理论[M].哈尔滨:哈尔滨工业大学出版社,2012.

1。因为 $p(\alpha) = 0$，所以 $\dfrac{1}{g(\alpha)} = u(\alpha)$。这样 $f(\alpha)$ 与 $g(\alpha)$ 相除就变成 $f(\alpha)$ 与 $u(\alpha)$ 相乘。由此得到两个 $\sum\limits_{i=0}^{n-1} a_i\alpha^i$ 型数 $f(\alpha)$ 与 $g(\alpha)$ 相除，也一定是 $\sum\limits_{i=0}^{n-1} a_i\alpha^i$ 型数。

由上证明可知：单代数扩域的结构是由扩域基为多项式之根这个本质所决定的。这个结构很重要，深刻刻画了单代数扩域的特征。

有了这个单代数扩域结构定理，第二个问题也不难回答了。根据上述扩充数域的统一表达式 $\sum\limits_{i=0}^{n-1} a_i\alpha^i$，可以认为：此数域的基包含 n 个元素，这 n 个基分别是 $1, \alpha, \alpha^2, \cdots, \alpha^{n-1}$。因此可称此数域是 n 次扩域。由此推广可以给出一个更广义的说法：对于数域 F 扩充到数域 E，如果对于 E 中任意一个数 α，都可唯一表示成 $\alpha = \sum\limits_{i=1}^{n} a_i\alpha_i$，其中 a_i 是数域 F 中的数，那么称 E 为 F 的 **n 次扩域**，$\alpha_1, \alpha_2, \cdots, \alpha_n$ 是其 n 个基。这个说法让我们更便于用线性代数工具分析扩域问题。

二、分裂域属性定理

上面讨论的是，如何利用多项式方程的一个根，将原多项式数域扩充成一个新数域。下面要研究如何扩充得到一个扩域包含多项式方程的所有根。这是我们要重点研究的一个扩域，为此我们给这个扩域起了个名字,称为该方程的**分裂域**。下面将从两个角度来研究这个分裂域。本章从数域扩充过程来研究,第 3 章将从对称性来研究。首先,我们要回答一个问题:从多项式方程一个根扩充而成的数域是否能包括该方程的所有根? 如果能包括,那么问题就已经解决了。实际情况是不能包括。以方程 $x^3 - 2 = 0$ 为例,$\sqrt[3]{2}$ 是它的一个根。我们知道由它扩充而成的数域,是一个由 1、$\sqrt[3]{2}$ 和 $\sqrt[3]{4}$ 为基的有理数三次扩域。显然,这个三次扩域不包括方程的另外两个根 $\omega\sqrt[3]{2}$ 和 $\omega^2\sqrt[3]{2}$。所以,该方程的分裂域不仅包含由 $\sqrt[3]{2}$ 扩充而成的三次数域,还包含另外两个根 $\omega\sqrt[3]{2}$ 和 $\omega^2\sqrt[3]{2}$ 扩充而成的三次数域,应该是这三个扩域的并集。那么这个并集的次数,即该方程分裂域次数,是多少呢? 是这三个扩域次数之和 9 吗? 可以验证不是,因为不同根扩充而成的数域有交集,并非完全独立。可以验证包含该方程所有根的最小扩域应该是以 1、$\sqrt[3]{2}$、$\sqrt[3]{4}$、$\omega\sqrt[3]{2}$、$\omega^2\sqrt[3]{2}$ 和 $\omega\sqrt[3]{4}$ 为基的有理数六次扩域。由此看来,包含多项式所有根的分裂域可由其所有根分别扩充而成的数域并集而成,但是这个分裂域的次数,并不是每个根独立扩充而成的数域次数之和,而是需要针对具体方程做具体研究。

　　既然方程的分裂域是由每个根独立扩充而成的扩域并集,那么就需要研究这些由每个根独立扩充而成的扩域之间有何关系。不难看到,它们有着相同的结构,都可表示成 $\sum_{i=0}^{n-1} a_i \alpha^i$,这里 α 表示 n 次多项式方程的一个根。也就是说每个根独立扩充而成的扩域之间可以建立一一对应的关系,我们把这种关系称为**同构关系**。这个特点使我们看清楚下面一个很关键的**分裂域属性定理**:如果数域 F 上的不可约多项式方程 $g(x)=0$ 的一个根在 $f(x)=0$ 的分裂域中,那么方程 $g(x)=0$ 的所有根都应该在此分裂域中。这个定理可以这样理解:如图 2 所示,假设 $f(x)=0$ 的所有根为 $\alpha_1,\alpha_2,\cdots,\alpha_n$,该方程的分裂域可表示为 $E=F(\alpha_1,\alpha_2,\cdots,\alpha_n)$。现有另一个方程 $g(x)=0$ 的一个根 α 在 E 中,β 是 $g(x)=0$ 任意另外一个根。我们分别考虑 α 和 β 在 E 上的扩域 $E(\alpha)$ 和 $E(\beta)$。因为 α 属于 E,所以其扩域 $E(\alpha)$ 一定还是 E,故 E 包含于 $E(\beta)$。又因为 $E(\alpha)$ 和 $E(\beta)$ 都是方程 $g(x)=0$ 根的扩域,由前面分析可知它们同构,扩域次数一定相等。所以 $E=E(\beta)$。这个证明的本质是说:如果一个域在扩域后与原域同构,那么扩域与原域实际上是一样的。

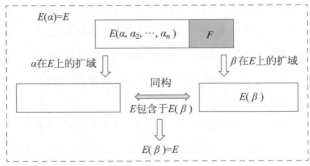

图 2　分裂域属性定理论证示意图

分裂域属性定理表明了不同的分裂域交集为基域 F，它们是独立的、完整的，这很重要。为了强调这种属性的重要性，我们把具有这种属性的扩域称为**正规扩域**。特别值得提及的是：我们将这种属性用于分析多项式方程多次开根号扩域求解的过程，发现每次开根号扩域都是正规扩，这样复杂的多次开根号求解过程分析从某种意义上说就可简化成单独每次开根号的扩域分析。为了纪念法国数学家伽罗瓦在方程扩域研究方面的开创性工作，将有限次正规扩域称为**伽罗瓦扩域**。

三、单代数扩域定理

由以上分析可知，一个多项式方程的分裂域往往不能由它的一个根扩域而成，而是由多个根的扩域并集而成。一个自然的问题是：能否找到一个数，等效这多个根，唯一地由此数扩域而得到方程的分裂域？如果能，那么多项式方程分裂域的表述和研究都会简单方便得多。回答是肯定的。不妨假设 α_1 和 α_2 是方程 $f(x)=0$ 的两个不同的根，由此二根将原数域 F 扩域成 $E=F(\alpha_1,\alpha_2)$。可以证明：如果 $\theta=\alpha_1+1/2\alpha_2$，那么 $F(\theta)=F(\alpha_1,\alpha_2)$。这个结论可以这样理解：考虑系数在域 $F(\theta)$ 中的多项式 $h(x)=f(\theta-1/2x)$，因为 $h(\alpha_2)=f(\theta-1/2\alpha_2)=f(\alpha_1)=0$，$h(\alpha_1)=f(\theta-1/2\alpha_1)=f(1/2(\alpha_1+\alpha_2))\neq0$，因此 $f(x)$ 与 $h(x)$ 有且只有一个公共根 α_2，也就是说 $f(x)$ 与 $h(x)$ 在域 $F(\theta)$ 上的最大公因

子为 $x-\alpha_2$。我们知道两个多项式的最大公因子可用
辗转相除法求得。依据辗转相除法过程可知 α_2 属于
域 $F(\theta)$。又因为 $\alpha_1 = \theta - 1/2\alpha_2$，故 α_1 也属于域 $F(\theta)$，
由此得出 $F(\theta) = F(\alpha_1, \alpha_2)$。综上所述，我们可以得到
一个很重要的结论：任意一个多项式 $f(x)$ 在域 F 上
的分裂域都可以由一个 α 数扩域而成，即都是**单代数
扩域**。我们把这个结论称为**单代数扩域定理**。

由此可见，一个 n 次多项式方程的根 α，虽然其幂
次方可构成一个扩域，但未必是此多项式方程的分裂
域。分裂域应该是此多项式所有根的幂次方扩域的
并集。虽然分裂域不能由此多项式的一个根的幂次
方扩域构成，但是我们一定可以找到另外一个多项
式，它的根的幂次方扩域可形成原多项式的分裂域。
此单代数扩域定理如图 3 所示。

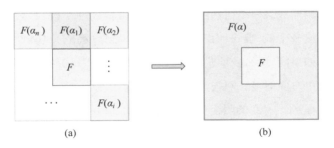

(a)　　　　　　　　　　　　　　(b)

图 3　单代数扩域定理示意图

(a) $\alpha_1, \alpha_2, \cdots, \alpha_n$ 是数域 F 上多项式方程 $f(x) = 0$ 的 n 个根，其
分裂域可由每个根的单代数扩域并集而成；(b) 总能找到一个
α，是数域 F 上另一个多项式方程 $g(x) = 0$ 的一个根，图(a)所示
分裂域为此根的单代数扩域

故人具鸡黍，邀我至田家。

绿树村边合，青山郭外斜。

开轩面场圃，把酒话桑麻。

待到重阳日，还来就菊花。

——孟浩然《过故人庄》

翔
袖
尚
横

淋
漓
襟

仙
宴
罷

光
語
壺

洞
房
虛

高
陽
一

賭
大
醉

藏
名
和

地
行
不

这是南宋绘画大师梁楷的《泼墨仙人图》，展示了其"减笔画"之后的新发现：用泼墨比用线条更能展示仙人的醉态。

第
3
章

群

第 2 章主要从方程求解过程去研究多项式分裂域的结构和属性,本章将从另一个角度去研究多项式分裂域的特征。这个角度就是对称性。由第 1 章分析可以知道:一方面,根式表达式对于所有根的任何一个置换,其根表达式不变;另一方面,开根号求解所得的全体根均匀分布于圆周。这是方程根表达式在对称性方面的两个要求。这两个要求很明显是不一样的,但是要清晰地论证这两个要求的不同,也并非一件易事。

要论证清楚二者的不同,需要新的数学。数学的强有力在于清晰的定义和运算规则的运用。因此,首先要定义清楚我们要研究的对象。由以上分析可知,我们的研究对象是方程根的置换。高次方程根的置换有很多,它们形成一个集合 G,根的每个置换是集合中的一个元素。为了深入研究这个集合,我们需要定义元素之间的运算及其规则。这里先只定义一种运算“·”,称为“乘”,这种运算满足以下条件:①封闭性,集合中任意两个元素运算结果唯一且仍是集合中的元素;②结合律,对于集合中的任意三个元素 a、b 和 c,有 $a \cdot (b \cdot c) = (a \cdot b) \cdot c$;③单位元,集合中存在元素 e,对于集合中的任意元素 a,都有 $a \cdot e = e \cdot a = a$;④逆元,对于集合中任意元素 a,集合中一定存在元素 b,使 $a \cdot b = b \cdot a = e$。我们把这个集合 G 称为关于运算“·”的**群**。譬如三个根置换构成的集合 $S_3 =$

$\{\sigma_1, \sigma_2, \sigma_3, \sigma_4, \sigma_5, \sigma_6\}$，其中 σ_1 代表置换 $(1,2,3) \rightarrow$ $(1,2,3)$，σ_2 代表置换 $(1,2,3) \rightarrow (2,3,1)$，$\sigma_3$ 代表置换 $(1,2,3) \rightarrow (3,1,2)$，$\sigma_4$ 代表置换 $(1,2,3) \rightarrow (1,3,2)$，$\sigma_5$ 代表置换 $(1,2,3) \rightarrow (3,2,1)$，$\sigma_6$ 代表置换 $(1,2,3) \rightarrow$ $(2,1,3)$。显然 σ_1 是单位变换。可以验证任意两个变换相乘（即连续变换）定为其中某一变换。譬如 $\sigma_1 \cdot \sigma_2 = \sigma_2$，$\sigma_2 \cdot \sigma_3 = \sigma_1$。且任何一个变换都有逆变换，譬如 σ_3 的逆变换就是 σ_2，σ_4 的逆变换就是其自身 σ_4，故 S_3 构成一个群。这里需要特别提及的是，置换群中的运算是不可交换的。譬如 $\sigma_2\sigma_4 = (3,2,1)$，$\sigma_4\sigma_2 = (2,1,3)$，显然 $\sigma_2\sigma_4 \neq \sigma_4\sigma_2$。我们把这种运算不可交换的群称为**非交换群**；反之，称为**交换群**。后面我们会看到，一个群能否交换是一种本质属性，在证明高次方程解不可根式表达中，发挥了关键性作用。

下面我们来研究群的结构。我们知道群 G 是一个关于某种运算的集合。如果 G 中有 n 个元素，那么我们就称 G 为 **n 阶群**。一个集合一般都有子集 H，如果这个子集 H 关于所定义的运算也成群，那么这个子集 H 就是 G 的一个子群。将子群整体和群元素之间做运算可以形成一个以子群为元素的集合。为了准确，可以这样定义：任取群 G 中元素 a，将 a 左乘 H 所得的 aH 集合称为 H 在 G 中的一个**左陪集**；将 a 右乘 H 所得的 Ha 集合称为 H 在 G 中的一个**右陪集**。如果 $aH = Ha$，那么我们就称 H 是 G 的**正规子**

群,此时可把所有左陪集(或者右陪集)组成的集合定义为群 G 除以子群 H 所得的**商群**,记为 G/H。在商群中两个陪集相乘定义为:$(aH)(bH)=(abH)$。譬如,我们知道整数 **Z** 是一个关于加法运算的群,偶数 E 是其一个子群,那么它们的商群就是由两个元素组成的集合,其中一个元素是所有偶数组成的集合,另一元素就是所有奇数组成的集合。由此可见,商群中的元素和原群中的元素属性是不同的,原群中的元素就是数,而商群中的元素则是数的集合。但是,如果我们根本就不关心群元素的具体含义,只关注群元素这个抽象意义,那么偶数集就可以用"0"表示,奇数集用"1"表示,这样商群就可认为是群集$\{0,1\}$。根据群和商群定义,不难得到下面**拉格朗日定理**:如果 H 是 m 阶群,那么 m 必整除 n。商数 n/m 称为 H 在 G 的指数。这个关系可以这么理解:设 $H=\{a_1,a_2,\cdots,a_m\}$,那么 H 的任何一个左陪集可表示为 $aH=\{aa_1,aa_2,\cdots,aa_m\}$,$a\in G$。如果此左陪集中有两个元素相同,譬如 $aa_i=aa_j$,那么两边同乘 a^{-1},就会得到 $a_i=a_j$。所以左陪集 aH 中任意两个元素都不相同,故左陪集 aH 是 m 阶群;又因为如果两个不同的左陪集 $a\cdot H$ 和 $b\cdot H$ 交集非空,那么 H 中至少存在元素 h_1 和 h_2,满足 $a\cdot h_1=b\cdot h_2$,所以 $a=b\cdot h_2\cdot h_1^{-1}=b\cdot h$,$h$ 是 H 中的一个元素。上式两边同右乘 H,得 $a\cdot H=b\cdot h\cdot H=b\cdot H$。也就是说群 G 可分成若干个没有交集的左陪集（或右陪集）之并，每个左陪集（或右陪集）含 m 个元素。拉格朗日定理表明：虽然我们关于"群"的定义看似很简单，但很不平凡，有着深刻的内涵。

群是一个集合，在此集合上定义了一种运算，而且集合关于运算是封闭的。这里的元素可以是不同的对象，这里的运算也可以有不同的定义，只要符合群的条件，都可以作为群来统一研究。也就是说，虽然很多系统形式上很不相同，但在群的观点下都是一样的。为了用这种观点研究问题，我们引入同构的概念。记：φ 是群 G 到 $\overline{G}$ 的映射，如果它满足条件 $(ab)^\varphi = a^\varphi b^\varphi$，$\forall\, a, b \in G$，那么 φ 是群 G 到 $\overline{G}$ 的同态映射。如果同态映射 φ 又是单射，则称为同构映射。如果群 G 到 $\overline{G}$ 的映射是**同态满射**（或**同构满射**），那么就称 G 和 $\overline{G}$ 是同态的（或同构的）。同态满射必把单位元 e 变为单位元 e，逆元变为逆元。因为对于任意 $a \in G$，有 $ea = ae = a$，考虑在同态映射下的像，就有 $e^\varphi a^\varphi = a^\varphi e^\varphi = a^\varphi$。因为 φ 是满射，所以 e^φ 必是 $\overline{G}$ 的单位元。同理，若 b 是 a 的逆元，则有 $ab = ba = e$。考虑其在 φ 下的像，就有 $a^\varphi b^\varphi = b^\varphi a^\varphi = e^\varphi$，因此 a^φ 和 b^φ 互逆。常表示为 $(a^{-1})^\varphi = (a^\varphi)^{-1}$。根据同态和同构映射定义，我们可得到下面的**同态定理**。同态定理有两部分内容。①第一部分表述群 G 和它的商群 G/H 之间的对应关系，具体可表述为：如果 H 是 G 的正规子群，那么群

G 到商群 G/H 必是同态映射。这可以这样理解：$\forall\, a,b \in G$，在商群中的映射为 aH 和 bH，而 ab 在商群中的映射为 abH，因为在商群中我们有定义：$(aH) \cdot (bH) = (abH)$，所以群 G 到商群 G/H 必是同态满射。②第二部分表述的是如何将一种同态满射 G 到 $\overline{G}$ 变成同构满射。人们发现了一个关键的正规子群 K，原群 G 与此正规子群 K 的商群 G/K 与 $\overline{G}$ 同构。此正规子群 K 具体可表述为：设 φ 是群 G 到 $\overline{G}$ 的映射，$\overline{e}$ 是 $\overline{G}$ 的单位元，则 $\overline{e}$ 在 φ 下的原像全体 $K = \{k \mid k \in G, k^{\varphi} = \overline{e}\}$。一般我们称 K 为同态映射 φ 的核，如图 4 所示。

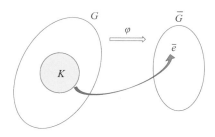

图 4 同态映射示意图

考虑群 G 到它的商群 G/H 的同态满射，不难知道此映射的核 $K = H$，因此有商群 $G/K = G/H$。进一步可以证明：核 K 是 G 的正规子群，且商群 G/K 同构于 $\overline{G}$。这可以这么理解：设 $k_1, k_2 \in K$，由于 $(k_1 k_2)^{\varphi} = k_1^{\varphi} k_2^{\varphi} = \overline{e}$，所以 $k_1 k_2$ 属于 K；$(k_1^{-1})^{\varphi} = (k_1^{\varphi})^{-1} = \overline{e}$，$k_1^{-1}$ 属于 K，故 K 是 G 的子群。对于 $\forall\, k \in K, g \in G$，有

$(g^{-1}kg)^\varphi = (g^\varphi)^{-1}k^\varphi g^\varphi = (g^\varphi)^{-1} \cdot g^\varphi = \bar{e}$，所以 K 是 G 的正规子群。任取 $a \in G$，设 $a^\varphi = \bar{a}$，考虑 G/K 到 $\bar{G}$ 的映射 $\varphi^* : aK \to \bar{a}$，这里 $\bar{a} = a^\varphi$。因为 $(abK) = (aK)(bK)$，所以 $\overline{ab} = (ab)^\varphi = a^\varphi b^\varphi = \bar{a}\,\bar{b}$，故 φ^* 是同态满射。又因为 $aK = bK \Leftrightarrow b^{-1}a \in K \Leftrightarrow (b^{-1}a)^\varphi = \bar{e} \Leftrightarrow a^\varphi = b^\varphi \Leftrightarrow \bar{a} = \bar{b}$，所以 φ^* 是单射，故 φ^* 是同构满射。由上述证明可以看到，**抽象出同态映射核这个概念是理解同态定理的关键**。让我们再次感受到：**清晰的概念与简明的运算是数学强有力的根本**。

横看成岭侧成峰，远近高低各不同。

不识庐山真面目，只缘身在此山中。

——苏轼《题西林壁》

杰出画家黄宾虹一生都在探索如何画好山。通过临摹、观察、实践，到晚年终于发现用积墨的方法能充分展示出他心中的山。这种笔墨下的山与传统的很不一样，黄宾虹大师将其概念化为"浑厚华滋"。这种笔墨下的山有着新意境、别样的美，画面极富视觉冲击力，让人感受到山的厚重、深邃。

第 4 章

域和群

第 3 章我们构建了一个群的概念,其目的是为了研究方程根的置换对称性。这一章我们就用群的概念来具体研究由方程根扩充而成的分裂域特征。我们知道方程分裂域是把方程系数域 F 扩充到一个包含方程所有根的最小数域 E。为此,我们针对分裂域定义一个特殊的集合 G。这个集合的元素是分裂域中所有数自身的同构满射,这个满射必须保证方程系数域 F 中数不变。用数学语言来定义:$G = \{\sigma \mid \sigma \in \mathrm{Aut}E, a^{\sigma} = a, \forall a \in F\}$,这里 $\mathrm{Aut}E$ 表示 E 中数的同构满射变换,记为 $G = \mathrm{Gal}(E \mid F)$。容易验证这个集合 G 构成一个群。这意味着我们可以用群的观点来研究方程根的置换对称性。从这样的观点来研究方程根的置换对称性是伽罗瓦的发明,为此我们把这个群称为**伽罗瓦群**。虽然这个定义看似平凡,但实际上很深刻,因为它使"对称性"变得可运算,而且蕴含了数学中最基本、最重要的运算可逆、封闭等特点。

一、群域等数关系

前述各章已强调可用两个角度来分析多项式方程的求解过程:一个是数域不断扩大的过程,即域角度;一个是从所得解的置换对称性角度,即群角度。这两个角度会让我们看到不同的东西。但要获知整体,需要建立这二者的联系。

一个直接的关系就是伽罗瓦群的阶数和方程分

裂域的扩域次数相等。为了便于叙述,我们把此关系称为**群域等数关系**。这个关系可以这么理解:设多项式 $f(x)$ 在 F 上的分裂域为 E,扩域次数$[E:F]=n$。根据单代数扩域定理知 E 中必存在 α,E 中元素都可表示成 $\sum_{i=0}^{n-1} a_i \alpha^i$,其中$a_i$ 是数域 F 中的数。设 α 在 F 上的最小多项式是 $g(x)$,则 $g(x)$ 是 n 次不可约多项式。设其 n 个根为 $\alpha_1 = \alpha, \alpha_2, \cdots, \alpha_n$。对于任意取定的根 α_j,变换 σ_j:$\sum_{i=0}^{n-1} a_i \alpha^i \rightarrow \sum_{i=0}^{n-1} a_i \alpha_j^i$ 是 E 中的一个自同构,所以 σ_j 属于伽罗瓦群 G。因为 $\sigma_1, \sigma_2, \cdots, \sigma_n$ 两两互异,所以群 G 的阶数不小于 n。另一方面,任取群 G 中的一个变换 σ,因为此变换不变 F 中的数,且把$g(x)$的根变为另一个根,所以 σ 必是上述某个 σ_j。于是 $G=\{\sigma_1, \sigma_2, \cdots, \sigma_n\}$。故伽罗瓦群阶数正是分裂域扩域的次数。

二、单层根号分裂域的伽罗瓦群特征

我们在第 1 章就已指出,开根号所得的全部根均匀分布于圆周,这是根号表达式的一个重要特征。下面就用伽罗瓦群来具体表征这种开根号所得根分裂域的性质。不难知道,开根号所得根一般就是多项式 $f(x)=x^n-a$ 的根。其分裂域可分两步扩域形成:第一步是单元多项式 x^n-1 在有理数域 F 上的分裂域 K,第二步是方程 $x^n-a=0$ 在 K 上的分裂域。我们

知道方程 $x^n-1=0$ 的 n 个根可表示成 $\omega_k=\cos k\theta+j\sin k\theta,\theta=\dfrac{2\pi}{n},k=1,2,\cdots,n$，它们是单位圆周上的 n 个等分点。因为 $\omega_k=\omega^k$，所以分裂域 K 可在 F 上添加 ω_1 而成，即单代数扩域 $F(\omega_1)$。当然，形成分裂域 K 的添加元不唯一。如果 n 为素数，则有 n 个添加元 ω_k，分裂域都可在 F 上添加 ω_k 而成 $F(\omega_k)$。这种情况下，伽罗瓦群 Gal（K/F）元素就是变换 $\sigma:\omega\to\omega_k=\omega^k$，因此是一个 n 阶群。我们把这种群中任意元素都是群里某个元素 ω 的整数方幂的群称为由 ω 生成的**循环群**，记为 $U_n=\langle\omega\rangle$。不仅如此，**因为单元方程根均匀分布的特点，使得这个群的元素所表示的变换，只是单根的置换，不是所有根的置换，从而使群运算可交换。**这很容易理解：设群中有两个变换 $\sigma:\omega\to\omega^k,\eta:\omega\to\omega^l$，那么 $\sigma\eta:\omega\to\omega^k\to\omega^{kl},\eta\sigma:\omega\to\omega^l\to\omega^{kl}$，所以 $\sigma\eta=\eta\sigma$。这看似平凡，但是本质所在。开根号所得全部根均匀分布于圆周的特点，已被强有力地表示出来。

上面讨论的是 n 为素数的情况。如果 n 不是素数，那么就不是每个 ω_k 都是生成元。不难理解，应该有 $\varphi(n)$ 个生成元，这里 $\varphi(n)$ 是欧拉函数，表示与 n 互素的、不大于 n 的数的个数。因此在这种情况下，伽罗瓦群 Gal(K/F) 就同构于 $U_n=\langle\omega\rangle$ 的子群，自然也是循环群。和 n 为素数一样，最终分裂域伽罗瓦群保持着群运算可交换这个本质特征。因为这个特征很重要，我们将具有这种特征的群称为**交换群**，也称**阿贝尔群**，以纪念阿贝尔在多项式方程研究中的特殊贡献。阿贝尔是首位证明"高于四次的代数方程不能用根号表示"的挪威数学家,虽然他的证明不及伽罗瓦的清晰、有力。

上面是用群的观点研究了多项式 $f(x) = x^n - a$ 分裂域形成的第一步——单元多项式 $x^n - 1$ 分裂域的伽罗瓦群特征。下面接着用群的观点来完成对多项式 $f(x) = x^n - a$ 分裂域特征的研究。可以证明:$\text{Gal}(E/K)$ 必是 m 阶循环群,且 m 整除 n,记为 $m \mid n$。这可以这么理解:记 $r = \sqrt[n]{a}$,则 $f(x)$ 的根为 $r, \omega r, \omega^2 r, \cdots,$ $\omega^{n-1} r$。因为 $\omega \in K$,所以 $f(x)$ 分裂域 $E = K(r)$。这说明 E 中任意一个 K 上的自同构是由 r 的像唯一确定。任取 $\sigma, \tau \in G = \text{Gal}(E/K)$,它们把 $f(x)$ 的根变为根,即 $r^\sigma = \omega^i r, r^\tau = \omega^j r$。由 $\omega \in K$ 可知,$r^{\sigma\tau} = (\omega^i r)^\tau = \omega^i r^\tau = \omega^{i+j} r$,这说明由 $r^\sigma = \omega^i r$ 所确定的映射 $\eta : \sigma \to \omega^i$,是 G 到 n 次单位根群 $U_n = \langle \omega \rangle$ 的同态映射。进一步,由 $\omega^i = \omega^j \Leftrightarrow r^\sigma = r^\tau \Leftrightarrow \sigma = \tau$ 知这个映射是单射,所以 G 同构于循环群 U_n 的某个子群,所以 G 一定是循环群,且 $m \mid n$。

三、一般伽罗瓦域和群的关系

有了上述关于群和域的一些理解之后,让我们回到本书的核心问题:n 次多项式方程根表达式是否存在? 从域的扩充角度看,如果根表达式存在,其扩域及其相应的群结构是非常清晰的。这就是应该存在一个扩域序列 $F = K_0 \subseteq \cdots \subseteq K_i \subseteq K_{i+1} \cdots \subseteq K_r \subseteq K_{r+1} =$

E, 其中后一个 K_{i+1} 都是前一个 K_i 的正规扩域, 而且在 K_{i+1} 中定义 K_i 上的伽罗瓦群是循环群, 如图 5(a)、(b) 所示。从群角度看, 由扩域序列 $F = K_0 \subseteq \cdots \subseteq K_i \subseteq K_{i+1} \cdots \subseteq K_r \subseteq K_{r+1} = E$ 可以定义一个群序列 $H_0 \supseteq \cdots H_i \supseteq H_{i+1} \cdots \supseteq H_r \supseteq H_{r+1}$, 其中 $H_i = \text{Gal}(E/K_i)$。显然 $H_{r+1} = \text{Gal}(E/E) = 1$, 如图 5(c) 所示。依据韦达定理, 我们知道通用意义上的根表达式对于 n 个根 $\{x_1, x_2, \cdots, x_n\}$ 的任何一个置换, 表达式不变, 换言之, 包含方程所有根的数域, 对于 $\{x_1, x_2, \cdots, x_n\}$ 的任何一个置换 $\{x_{j_1}, x_{j_2}, \cdots, x_{j_n}\}$ (这里 $j_1, j_2, \cdots, j_n$ 是 $1, 2, \cdots, n$ 的一个置换), 数域不变。这就意味着: 由方程系数域扩充而成包含方程所有根的最小扩域, 即方程分裂域, 它的伽罗瓦群同构于 $\{x_1, x_2, \cdots, x_n\}$ 的置换群, 即 $\{1, 2, \cdots, n\}$ 的置换群 S_n, 这就表明 $H_0 = S_n$。除此之外, 关于这个群序列, 我们无法直接看出其他特征了。但是我们知道伽罗瓦群 $\text{Gal}(K_{i+1}/K_i)$ 是一个交换群, 因此群序列 $H_0 \supseteq \cdots H_i \supseteq H_{i+1} \cdots \supseteq H_r \supseteq H_{r+1}$ 一定还有其他特征。这个特征也许在建立伽罗瓦群 $H_i = \text{Gal}(E/K_i)$ 和伽罗瓦群 $\text{Gal}(K_{i+1}/K_i)$ 的关系之后才能显现。下面我们就来分析 H_i 和 $\text{Gal}(K_{i+1}/K_i)$ 究竟有什么关系。分析过程有点抽象, 需要一点耐心。若觉得困难, 可直接跳到结论, 结论是不难理解的。

进一步分析可以得到: 群序列 $H_0 \supseteq \cdots H_i \supseteq H_{i+1} \cdots \supseteq H_r \supseteq H_{r+1}$ 中, 后一个群是前一个群的正规子群。这可以这样理解: 对于 K_{i+1} 中任意一个数 k,

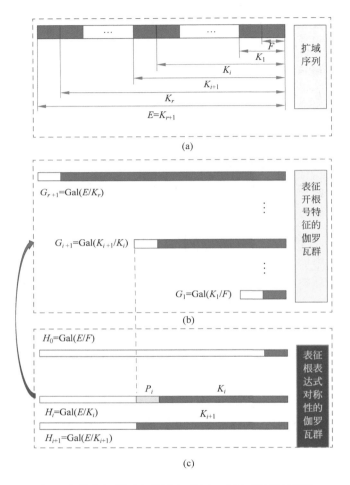

图 5　方程求解所对应扩域序列(a)、表征开根号特征的
伽罗瓦群(b),以及表征根表达式的伽罗瓦群之间
关系的示意图(c)

设 k 在 K_i 上的最小多项式为 $p(x)$,此数在 H_i 中的任
意变换 η 下,一定仍变成 $p(x)$ 的根。又因为 K_{i+1} 是

42

K_i 的正规扩域,所以 $k^\eta \in K_{i+1}$。因为 k 是 K_{i+1} 中任意一个数,所以 $K_{i+1}^\eta \subseteq K_{i+1}$。将上述关系中 η 换成 η^{-1},便有 $K_{i+1}^{\eta^{-1}} \subseteq K_{i+1}$,故 $K_{i+1}^\eta \supseteq K_{i+1}$,因此 $K_{i+1}^\eta = K_{i+1}$。

下面我们来看 H_{i+1} 的左陪集 ηH_{i+1}。如图 6 所示,为了便于表述,我们将 K_{i+1} 写成没有交集的两个集合 K_i 和 P_i 的并集。因为 $H_{i+1} = \{\sigma \mid \sigma \in \mathrm{Aut}E, K_i^\sigma = K_i, P_i^\sigma = P_i\}$,所以 $\eta H_{i+1} = \{\eta\sigma \mid \sigma \in \mathrm{Aut}E, (K_i^\sigma)^\eta = K_i, (P_i^\sigma)^\eta = P_i^\eta\}$。令 $\sigma' = \eta\sigma$,于是 $\eta H_{i+1} = \{\sigma' \mid \sigma' \in \mathrm{Aut}E, K_i^{\sigma'} = K_i, P_i^{\sigma'} = P_i^\eta\}$;再看 H_{i+1} 的右陪集 $H_{i+1}\eta$,因为 $P_i^\eta \subseteq K_{i+1}$,所以 $H_{i+1}\eta = \{\sigma\eta \mid \sigma \in \mathrm{Aut}E, (K_i^\eta)^\sigma = K_i, (P_i^\eta)^\sigma = P_i^\eta\}$。令 $\sigma' = \sigma\eta$,于是 $H_{i+1}\eta = \{\sigma' \mid \sigma' \in \mathrm{Aut}E, K_i^{\sigma'} = K_i, P_i^{\sigma'} = P_i^\eta\}$。所以 $\eta H_{i+1} = H_{i+1}\eta$,故 H_{i+1} 是 H_i 的正规子群。

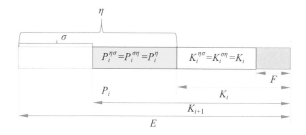

图 6　H_{i+1} 是 H_i 的正规子群理解示意图

为了得到 H_i 和 $\mathrm{Gal}(K_{i+1}/K_i)$ 之间的关系,我们首先建立一个 H_i 到 $\mathrm{Gal}(K_{i+1}/K_i)$ 的映射关系 σ_i。因为 H_i 中的任意变换 η 都有 $K_{i+1}^\eta = K_{i+1}$,所以可以建立如下映射关系 σ_i:就是将 E 中 K_i 上的伽罗瓦群 $H_i =$

$\mathrm{Gal}(E/K_i)$ 视为 K_{i+1} 中 K_i 上的伽罗瓦群 $\mathrm{Gal}(K_{i+1}/K_i)$。显然,对于 H_i 中任意两个变换 η_1 和 η_2,都有 $(\eta_1\eta_2)^{\sigma_i}=\eta_1^{\sigma_i}\eta_2^{\sigma_i}$,所以映射关系 σ_i 是同态满射。把同态满射 σ_i 的核记为 $\overline{H}_{i+1}=\{\eta\mid\eta\in H_i,\eta$ 是 K_{i+1} 中的恒等变换$\}$。不难知道,这和 H_{i+1} 的定义是等价的,因此 $\overline{H}_{i+1}=H_{i+1}$。再由第 3 章的同态定理,可知**商群 H_i/H_{i+1} 与伽罗瓦群 $\mathrm{Gal}(K_{i+1}/K_i)$ 同构**,这便是**伽罗瓦基本定理**。由此可以推断商群 H_i/H_{i+1} 是交换群。这个结论从群角度是不易观察到的。这表明建立群、域之间的对应关系,能使我们把从群、域两个角度观察到的事实合二为一,将我们对高次方程求解的认识提高到一个新的层次。

春眠不觉晓，处处闻啼鸟。

夜来风雨声，花落知多少。

——孟浩然《春晓》

浅近的语言，把人从习以为常的麻木中唤起，感
受一种平淡、自然之美。

这幅画是印象派画家莫奈的代表作之一。在此之前，大多数画家所描绘的是静态的、理想背景下的人和景。这幅画描绘的是复杂背景下阿佛尔港口日出之时的景色。这里呈现的景色虽然不及古典绘画干净、清晰，但更接近于现实。或者说，古典绘画的画面更多地呈现田园美，这里准确地呈现出工业文明的一角，这让生活在工业时代的人更容易产生共鸣，这是古典绘画技术很难达到的效果，而这种效果是莫奈发明的光、影技法所带来的。

第
5
章

高次方程不可根式
求解的理解

前面几章引入了域和群等概念,讨论了它们之间的联系,在理解了这些知识之后,便可解释为什么一般意义下高次方程没有根式表达式了。第 1 章中我们已意识到:从根表达式看,一个 n 次方程如果有根表达式的话,那么这个根表达式应该是关于所有根的对称表达式。这是因为根据韦达定理,多项式每一项的系数都可由关于所有根的对称表达式表达出来;另一方面,从开根号扩大数域范围来看,每层开根号所得所有根应该是均匀分布于圆周的。这是观察高次方程根表达式的两个角度,而且我们能感觉到:之所以高次方程一般根表达式不存在,可能本质就在于,开根号所得根均匀分布于圆周这个严格限制导致无法表达出一般根表达式所应该具有的一般对称性。这种感觉是敏锐的,但也是模糊的,至少未达到数学所要求的清晰,当然也就无法达到数学所带来的那种强有力。

经过 2～4 章之后,我们头脑里已有一系列清晰的概念,第 1 章的感觉现在可以用更清晰的语言来表述了。根表达式的一般对称性实际上就是对于 n 个根 $\{x_1, x_2, \cdots, x_n\}$ 的任何一个置换,表达式不变,换言之,包含方程所有根的数域,对于 $\{x_1, x_2, \cdots, x_n\}$ 的任何一个置换 $\{x_{j_1}, x_{j_2}, \cdots, x_{j_n}\}$(这里 $j_1, j_2, \cdots, j_n$ 是 $1, 2, \cdots, n$ 的一个置换),数域不变。这就意味着:由方程系数域扩充而成包含方程所有根的最小扩域,即方程分裂域,它的伽罗瓦群同构于 $\{x_1, x_1, \cdots, x_n\}$ 的置换群,也就是$\{1,2,\cdots,n\}$的置换群S_n。另一方面,开根号可表述为数域的扩大,根表达式的嵌套表达形式可表述为一系列的数域扩大,换言之,根表达式的存在就意味着存在一个数域序列$F=K_0\subseteq\cdots\subseteq K_i\subseteq K_{i+1}\cdots\subseteq K_r\subseteq K_{r+1}$,其中后一个$K_{i+1}$都是前一个$K_i$的正规扩域,而且在$K_{i+1}$中定义在$K_i$上的伽罗瓦群是交换群。

以上用数学语言清晰严格地表达了:从两个角度观察分别得到的事实。要得到关于方程求解的更深入认识,需要综合这两方面的事实。综合的核心在于建立两方面的关联。这个关联已由第4章的基本定理清晰表述。将这个基本定理用于此处便可得出:存在一个群序列$1=H_{r+1}\subseteq H_r\subseteq\cdots\subseteq H_{i+1}\subseteq H_i\cdots\subseteq H_0=S_n$,其中前一个$H_{i+1}$是后一个$H_i$的正规子群,且商群$H_i/H_{i+1}$是交换群。我们把存在这样序列的群称为**可解群**。这样就清楚了:高次方程能否有一般根式表达,关键在于S_n能否分解为一个商群为交换群的正规子群序列。

上述群分解的一个本质要求就是商群必须是交换群。那么我们就来看看交换群A有何特点。设$\forall\,a,b\in A$,因为A是交换群,所以$ab=ba$。定义算子$[a,b]=a^{-1}b^{-1}ab$。因为$ba[a,b]=baa^{-1}b^{-1}ab=ab$,这意味着算子$[a,b]$作用于$ba$后,变成$ab$,所以我们将算子$[a,b]$称为**换位算子**。重要的是,如果$a,b$是可交换的,那么换位算子$[a,b]$就恒等于单位算子。

一个自然的想法就是，如果群 G 不是交换群，那么它所有元素经过换位运算之后构成的集合必然不是只有一个单位元的集合 D，那么这个 D 是否构成群？D 是否是 G 的正规子群？如果是，那么商群 G/D 是否是交换群？进一步，D 是否是使商群 G/N 成为交换群的最小子群？为了清晰，我们给 D 一个清晰的定义：G 中有限个换位子相乘所得的乘积。很容易验证 D 是 G 的一个子群。

下面着重理解一下 D 是 G 的一个正规子群。这可以这么理解：设 $g \in G, [a,b] \in D$，因为 $g^{-1}[a,b]g = g^{-1}a^{-1}b^{-1}abg = (g^{-1}ag)^{-1}(g^{-1}bg)^{-1}(g^{-1}ag)(g^{-1}bg) = [g^{-1}ag, g^{-1}bg]$，所以 $g^{-1}[a,b]g \in D$。故 D 是 G 的一个正规子群。

记商群 G/D 中元素为 $\bar{g} = gD, g \in G$。根据陪集乘法定义可知 $\bar{g}^{-1} = \overline{g^{-1}}$。所以有 $\bar{g}^{-1}\bar{h}^{-1}\bar{g}\bar{h} = \overline{g^{-1}h^{-1}gh} = g^{-1}h^{-1}ghD = D$，这就是说商群中的换位子都是单位元，这表明此商群是交换群。

任意 $g, h \in G$，根据商群 G/N 是交换群可知 $N = (gN)^{-1}(hN)^{-1}(gN)(hN) = (g^{-1}h^{-1}gh)N$，这表明 $g^{-1}h^{-1}gh \in N$。因为 $g^{-1}h^{-1}gh$ 是换位子集 D 中任意元素，所以 $D \subseteq N$。换言之，使商群 G/N 为交换群的所有子群 N 中，最小的子群是换位子群 D。

下面我们来说明S_n，当 $n \geqslant 5$ 时不可解。如果S_n可解，那么就应存在正规子群序列：$1 = H_{r+1} \subseteq H_r \subseteq \cdots \subseteq H_{i+1} \subseteq H_i \cdots \subseteq H_0 = S_n$，且商群$H_i/H_{i+1}$为交换群。考

虑S_n中 3 轮换 $\sigma=(ilj)$，$\tau=(jkm)$（这里 3 轮换 σ 意味着将序列(ilj)变成(jil)），这在 $n \geqslant 5$ 时，总能办到。它们的换位子 $\sigma^{-1}\tau^{-1}\sigma\tau=(jli)(mkj)(ilj)(jkm)=(ijk)$，这意味着$S_n$中所有 3 轮换的换位子仍然是所有 3 轮换组成的集合。因为在 H_i的所有正规子群N_i中，使商群 H_i/N_i为交换群的正规子群N_i一定包含换位子集，所以 H_{i+1}一定包含H_i的换位子集，也就一定包含 H_i中的所有三轮换，因此子群序列$H_{r+1} \subseteq H_r \subseteq \cdots \subseteq H_{i+1} \subseteq H_i \cdots \subseteq H_0$中每个子群都应包括所有 3 轮换组成的集合，这与$H_{r+1}=1$矛盾。

至此，高于五次方程不存在根式表达式的故事已讲述完毕！

故人西辞黄鹤楼，烟花三月下扬州。
孤帆远影碧空尽，唯见长江天际流。

——李白《黄鹤楼送孟浩然之广陵》

最后一句将"长江"和"天"联想，写出了新感觉、新意。

这是一幅莫奈的画，是光、影、色的盛宴，极富感染力。

第 6 章

域和群关系的再理解

第 4 章用群的视角观察开根号所得扩域的特征，发现开根号所得扩域的伽罗瓦群是循环群。这个结论是理解高次方程不可根式求解的一个关键。因为这个结论对于理解高次方程不可根式求解已足够，为了尽快达到理解高次方程不可根式求解这一目标，当时就没有进一步追问这个结论的逆命题是否成立。即，如果域 E 是域 K 的伽罗瓦扩域，且 $\mathrm{Gal}(E/K)$ 是 n 阶循环群，是否一定存在 $d \in E$，使 $d^n = a \in K$。现在我们已经达到了这个目标，可以静下心来再仔细考虑这个问题，以求获得对域和群关系的进一步理解。

依据第 4 章研究域和群关系的结论，我们在第 5 章给出了高次方程不可根式求解的阐释。细心的读者一定会发现，这其中有一个根本的破绽。这个破绽就是：如第 5 章图 5（c）所示，表征根式表达式特征的群分解序列未必是我们定义的伽罗瓦群序列 $H_0 \supseteq \cdots H_i \supseteq H_{i+1} \cdots \supseteq H_r \supseteq H_{r+1}$。只有阐述清楚群分解序列与伽罗瓦扩域序列的一一对应关系，从而论证了群分解序列的唯一性，才能严格彻底完成高次方程不可根式求解的阐释。因为阐述清楚这个问题需要费点劲，再加上这个问题对于一般读者来说，是可理解的范畴，故为了同样的目的——尽快理解高次方程不可根式求解，在第 4 章就默认了。这个遗留问题的阐释也将在本章完成。

一、循环群和根式扩域之间的关系

我们已经知道根式扩域的伽罗瓦群是循环群。下面要来证明这个结论的逆命题。即，如果域 E 是域 K 的伽罗瓦扩域，且 $\mathrm{Gal}(E/K)$ 是 n 阶循环群，一定存在 $d \in E$，使 $d^n = a \in K$。这个 d 可以利用单位根 ω 构造出来。具体构造如下：因为域 E 是域 K 的伽罗瓦扩域，所以定有 $E = K(\alpha)$，$\alpha \in E$。因为 $\mathrm{Gal}(E/K)$ 是 n 阶循环群，所以 $\mathrm{Gal}(E/K) = \{\sigma^k\}$ $(k = 0, 1, \cdots, n-1)$。记 $\alpha_k = \sigma^k \alpha$，于是 $\sigma \alpha_k = \alpha_{k+1}$。构建 $n-1$ 个数 $\lambda_k (k = 1, \cdots, n-1)$，其中 $\lambda_k = \sum_{i=0}^{n-1} \omega^i \alpha_i^k$。如果这 $n-1$ 个数都为零，那么将 $(1, \omega, \cdots, \omega^{n-1})$ 视为 n 个未知数，这里就有 $n-1$ 个齐次方程。又因为 $\sum_{i=0}^{n-1} \omega^i = 0$，此方程和上述 $n-1$ 个方程构成了 n 个齐次方程，而且有一组非零解 $(1, \omega, \cdots, \omega^{n-1})$，这就意味着该齐次方程的系数行列式一定为零。而该行列式为 n 阶范德蒙德行列式，$V = \prod_{0 \leqslant j < i \leqslant n-1} (\alpha_i - \alpha_j)$。因此必有一对 i, j 使得 $\alpha_i = \alpha_j$。但是，这是不可能的。故必有一个 λ_k 不为零。因为 $\sigma \lambda_k = \sum_{i=0}^{n-1} \omega^i \alpha_{i+1}^k = \omega^{-1} \lambda_k$，所以 $\sigma(\lambda_k^n) = (\sigma \lambda_k)^n = \omega^{-n} \lambda_k^n = \lambda_k^n$，所以 $\lambda_k^n \in K$。因为 $\lambda_k \in E$，所以 λ_k 就是要找的 d。

二、一般伽罗瓦域和群的一一对应关系

在研究伽罗瓦群和域之间是否存在一一对应联系之前,首先引进一个概念:伽罗瓦群 G 的**不变子域**,记为 $\mathrm{Inv}G$,严格定义为 $\mathrm{Inv}G = \{a \mid a \in E, a^{\eta} = a, \forall \eta \in G\}$。有了这个概念之后,便可研究由伽罗瓦扩域定义伽罗瓦群的过程是否可逆,以及由伽罗瓦群确定伽罗瓦子域的过程是否可逆。如果这两个过程都是可逆的,那伽罗瓦扩域序列和伽罗瓦群序列自然就是一一对应的了。

1. 伽罗瓦子域可逆定理

设 E 是数域 F 上的伽罗瓦扩域,换言之,F 是数域 E 的伽罗瓦子域。这样在 E 中数域 F 上可定义一个伽罗瓦群 $G = \mathrm{Gal}(E/F)$:E 的自同构满射变换,该变换不变数域 F 中的数。那么这个定义是否可逆呢?即伽罗瓦子域能否由伽罗瓦群唯一定义呢?回答是肯定的。很显然,依据伽罗瓦群定义,数域 F 中的数在伽罗瓦群变换下不变,所以一定属于 $\mathrm{Inv}G$。即 **F 包含于 $\mathrm{Inv}G$**,通俗讲 **F 不大于 $\mathrm{Inv}G$**。我们再来看定义在 $\mathrm{Inv}G$ 上分裂域 E 的伽罗瓦群 $\mathrm{Gal}(E/\mathrm{Inv}G)$。一方面,设任意一个属于 G 的变换 η,根据 InvG 的定义可知,η 一定不变 InvG 中任何一个元素,这就意味着 η 属于 Gal(E/InvG),换言之,G 包含于 Gal(E/InvG);另一方面,因为 F 小于 InvG,所以 Gal(E/InvG) 应该包含于 Gal(E/F) $=G$。所以 Gal(E/InvG) $=$ Gal(E/F)。再依据**群域等数关系**,就有[E:InvG]$=$[E:F]。结合上述 F 属于 InvG 的结论,最终可得到 **$F=$InvG$=$Inv(Gal(E/F))**。这表明伽罗瓦子域可逆。为了方便,我们把此结论称为**伽罗瓦子域可逆定理**。此定理可用图 7 表示。

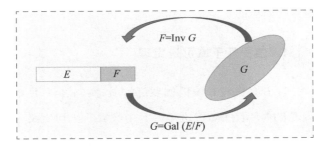

图 7 伽罗瓦子域可逆定理示意图

由上述论证可以看到:论证之所以能简洁地表述,其原因在于我们引入了伽罗瓦群不变子域概念。整个证明的关键在于群域等数定理。而这个定理所基于的基本事实在于伽罗瓦扩域是单代数扩域结构。

2. 阿丁引理

上面的关系是在特殊伽罗瓦群定义下得到的,即定义在数域 F 上的分裂域自同构满射变换。下面考虑更一般的伽罗瓦群定义。即:设 E 是任意域,G 是 E 自同构满射变换群的任意有限子群,F 是群 G 的不变子域。此时有关系:$[E:F]\leqslant|G|$,这里 $|G|$ 表示群 G 的阶数。这个结论通常称为**阿丁(E. Artin)引理**。这个结论可以这么理解:设 $G=\{\eta_1=1,\eta_2,\cdots,\eta_n\}$,考虑 E 中 m 个数 $\{u_1,u_2,\cdots,u_m\}$,这里 $m>n$。记 u_j 在 η_i 下的像是 $a_{ij}=u_j^{\eta_i}$。考虑 n 个方程 $\sum\limits_{j=1}^{m}a_{ij}x_j=0,i=1,2,\cdots,n$,因为变量个数大于方程个数,所以此方程必有非零解。选解 $b=\{b_1,b_2,\cdots,b_m\}$,使得其中所出现的不为零的分量 b_j 个数最少。不失一般性,还可设 $b_1=1$。因为 u_j 在 η_1 下的像 $a_{1j}=u_j$,所以 $\sum\limits_{j=1}^{m}u_jb_j=0$。因此,如果 b_j 都在数域 F 中,那么 $u_1,u_2,\cdots,u_m$ 在 F 中线性相关。根据扩域次数定义可知:$[E:F]\leqslant|G|$。如果存在某个 b_j 不在于 F 中,则 G 中必存在 η_k,使 $b_j^{\eta_k}\neq b_j$。把 η_k 作用在解 b 满足的方程组 $\sum\limits_{j=1}^{m}a_{ij}b_j=0$ $(i=1,2,\cdots,n)$,得到 $\sum\limits_{j=1}^{m}a_{ij}^{\eta_k}b_j^{\eta_k}=0(i=1,2,\cdots,n)$,这里 $a_{ij}^{\eta_k}=u_j^{\eta_i\eta_k}$。因为 G 是一个群,所以 $\{\eta_1\eta_k,\eta_2\eta_k,\cdots,$

$\eta_n \eta_k \} = \langle \eta_1, \eta_2, \cdots, \eta_n \rangle$。这一步很重要,是由群运算的封闭性得到的,所以 $\sum_{j=1}^{m} a_{ij} b_j^{\eta_k} = 0 (i = 1, 2, \cdots, n)$,故 $b_1^{\eta_k}$ 也是方程的一个解。因为 $b_1^{\eta_k} = 1^{\eta_k} = 1$,所以将上述两个解满足的方程相减,得到一个新解 $b' = \{ 0, b_2', \cdots, b_m' \}$。显然这组解 b' 非零分量个数比 b 至少减少一个,与假设矛盾,所以 b_j 必都在数域 F 中,即 $u_1, u_2, \cdots, u_m$ 在 F 中线性相关。根据扩域次数定义可知:$[E : F] \leqslant |G|$。

由上述论证过程可以知道,域和群都是较为抽象的概念,直接思考它们,不易把握,但是将它们转化为线性相关或线性方程组,问题就具体了,便于把握了,由此可见线性方程组是分析域和群问题的一个强有力工具。

3. 伽罗瓦群可逆定理

有了这个结论,就可以得到下面**伽罗瓦群可逆定理**:设 E 是一个数域,G 是 Aut E 的有限子群,$G' = $ Gal$(E/\text{Inv}G)$,那么 $G' = G$。这个定理可以这样理解:根据定义可知,**G 包含于 G'**。再由阿丁引理可知,E 是 $F = \text{Inv}G$ 的有限扩域。设 $p(x)$ 是 $F(x)$ 中某个不可约多项式,已知它有某个根 r 属于 E。再设 $G = \{ \eta_1 = 1, \eta_2, \cdots, \eta_n \}$,记 $r^{\eta_i} = r_i$。去掉重复的 r_i,不妨设前 m 个 r_i 互不相同,$m \leqslant n$,则多项式 $g(x) = \prod_{i=1}^{m} (x - r_i)$

就是 m 次无重根多项式。对于 G 中任何 η，规定 $x^{\eta}=x$，这样 $(g(x))^{\eta}=\prod_{i=1}^{m}(x-r_i^{\eta})$。因为 $r_i^{\eta}=r^{\eta,\eta}$，又 G 是一个群，所以 $\{r_1^{\eta},r_2^{\eta},\cdots,r_n^{\eta}\}=\{r_1,r_2,\cdots,r_n\}$，同阿丁引理证明一样，这一点很重要，它是群概念本质带来的，所以 $(g(x))^{\eta}=g(x)$。这表明 $g(x)$ 的系数在 G 中任意 η 下不变，所以 $g(x)$ 属于 $F(x)$。又 $p(r_i)=p(r^{\eta})=(p(r))^{\eta}=0$，这表明 $g(x)$ 的任何一个根都是 $p(x)$ 的根。所以在 $F(x)$ 中 $g(x)$ 必整除 $p(x)$。又 $p(x)$ 不可约，所以 $g(x)=p(x)$。这表明 $p(x)$ 的所有根都在 E 中，故 E 是 F 的正规扩域。这样根据群域等数定理就有：$\mathrm{Gal}(E/F)=[E:F]$。又由阿丁定理可知 $[E:F]\leqslant|G|$，故 $|G'|=|\mathrm{Gal}(E/F)|\leqslant|G|$，所以我们有 $\mathrm{Gal}(E/F)=\mathrm{Gal}(E/\mathrm{Inv}G)=G$。

此定理可用图 8 示意。

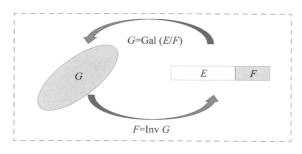

图 8　伽罗瓦群可逆定理示意图

上述论证表明：多项式是分析扩域问题的一个基本工具。这并不奇怪,因为扩域概念本源于多项式。

阿丁引理和伽罗瓦群可逆定理的论证再次让我们体会到：群概念虽然简单,但很有力。这种力量来源于群的运算及关于运算的封闭性。

人生到处知何似？应似飞鸿踏雪泥。

泥上偶然留指爪，鸿飞那复计东西。

老僧已死成新塔，坏壁无由见旧题。

往日崎岖还记否，路长人困蹇驴嘶。

——苏轼《和子由渑池怀旧》

这是绘画大师林风眠的一幅荷花。木心给林先生的悼文《双重悼念——追忆林风眠》中提到：林先生最好的作品是 1955—1965 年这 10 年间的静物画，被赞为"像花一般的香，夜一般的深，死一般的静，酒一般的醉人"。这幅画不知是否是那个时期的画，仿佛也是"统体素净，剔透空明，用色用得如此贞洁，肌理微妙，处处有生命悸动"。

第

7

章

群论思想诞生过程探究

经过前面几章的分析,我们已理解了用根式无法表达不小于 5 次的高次方程根。这里尝试用一句话来概括其中的道理:开根号所得扩域,其伽罗瓦群是循环可交换群,这样的扩域方式,即经过有限次开根号扩域,是无法表达出一个具备非交换伽罗瓦群特征的一般多项式根所形成的扩域的。这个表述虽然不够严格、精细,但大致抓住了问题的要害,抓住了刻画扩域特征的伽罗瓦群是否可交换这个本质。这是创立群论背后的核心思想。这个思想看似简单,得来却并不容易,是几代优秀数学家不断探索,对方程求解过程不断抽象的结果。这个思想的诞生至少经过了以下四次对方程求解过程的抽象。

第一次抽象,是欧拉在 1762 年发表的论文《论任意次方程解》中完成的。在论文中,欧拉对任意次方程解的形式进行了抽象,得出任意次方程解可表示成如下形式:

$$p_0 + p_1 R^{\frac{1}{n}} + p_2 R^{\frac{2}{n}} + \cdots + p_{n-1} R^{\frac{n-1}{n}}$$

这里 R 是某个 $n-1$ 次"辅助"方程的解,$p_i(i=0,1,\cdots,n-1)$ 是原方程系数的某个代数表达式。这个抽象结果不难理解,但很重要。可惜,欧拉也许是因为关注了太多的研究方向,没有时间在此基础上去深入研究这个问题,因而也没能再往前推进。

对方程求解过程的第二次抽象,是由范德蒙德、拉格朗日、鲁菲尼、阿贝尔等人完成的。这次抽象得到的结论是：一个 n 次方程的所有根都可由根置换式线性组合表达出来。这里根置换式，是指方程 n 个根的置换与相应 n 次单位根乘积之和。譬如 $\{x_1, x_2, x_3, \cdots, x_n\}$ 的一个置换为 $\{x_2, x_1, x_3, \cdots, x_n\}$，那么此置换下的置换式为 $x_2 + \omega x_1 + \omega^2 x_3 + \cdots + \omega^{n-1} x_n$；再譬如 $\{x_1, x_2, x_3, \cdots, x_n\}$ 的另一个置换为 $\{x_1, x_3, x_2, \cdots, x_n\}$，那么此置换下的置换式为 $x_1 + \omega x_3 + \omega^2 x_2 + \cdots + \omega^{n-1} x_n$，显然这样的置换式最多有 $n!$ 个。拉格朗日注意到这些置换式可以分类，对于每一类中的所有置换式，存在一个自然数 k，所有置换式的 k 次方，结果是一样的。而且，这样分类的置换式种类数一定是 $n!$ 的约数，这便是前面第 3 章介绍的拉格朗日定理。依据这个特点，拉格朗日提出了一种前面第 1 章介绍的求解方法，并指出不小于 5 次的高次方程可能不能根式表达。下面我们来理解一下为什么一个 n 次方程的所有根都可由根置换式线性组合表达出来。

在欧拉结论的基础上，对辅助方程解不断应用欧拉结论，便可得出任意次方程解，可表示成如下形式：

$$q_0 + q_1 S^{\frac{1}{m}} + q_2 S^{\frac{2}{m}} + \cdots + q_{m-1} S^{\frac{m-1}{m}} \qquad (1)$$

这里 $S, q_i (i = 0, 1, \cdots, m-1)$ 是原方程系数的某个代数表达式，m 的最大值为 $n!$。将此解形式代入原方程可得

$$t_0 + t_1 S^{\frac{1}{m}} + t_2 S^{\frac{2}{m}} + \cdots + t_{m-1} S^{\frac{m-1}{m}} = 0 \qquad (2)$$

如果 t_i 有一个不为零，那么令 $z^m = S$，这样下面两个方程：

$$z^m - S = 0$$

与

$$t_0 + t_1 z + t_2 z^2 + \cdots + t_{m-1} z^{m-1} = 0$$

必有一个或多个公共根。若有 k 个公共根，则一定可找到一个 k 次方程，其根为此 k 个公共根，系数为 S 和 t_i 的有理函数。令这个方程为

$$r_0 + r_1 z + r_2 z^2 + \cdots + r_k z^k = 0$$

因为这个方程所有根与 $z^m - S = 0$ 的根相同，所以此方程所有根都形如 $\alpha_\mu z\,(\mu = 0, 1, \cdots, k-1)$，$\alpha_\mu$ 是方程 $\alpha_\mu^m - 1 = 0$ 的一个根。将形如 α_μ 的所有根分别代入上述方程得

$$r_0 + r_1 \alpha_0 z + r_2 \,\alpha_0^2 z^2 + \cdots + r_k \alpha_0^k z^k = 0$$
$$r_0 + r_1 \alpha_1 z + r_2 \,\alpha_1^2 z^2 + \cdots + r_k \alpha_1^k z^k = 0$$
$$\vdots$$
$$r_0 + r_1 \alpha_{k-1} z + r_2 \,\alpha_{k-1}^2 z^2 + \cdots + r_k \alpha_{k-1}^k z^k = 0$$

将这 k 个方程看成未知数为 $z, z^2, \cdots, z^k$ 的线性方程，那么 z 一定可以由 r_i 和 α_μ 的有理函数表达出来，这与 z 的假设相矛盾。因此上述式（2）中的 t_i 都为 0。由此可推出：如果式（1）是方程的一个解，那么将式（1）中的 $S^{\frac{1}{m}}$ 替换为 $\alpha^i S^{\frac{1}{m}}$ 也一定是方程的解，这里 α 是方程 $\alpha^{m-1} + \alpha^{m-2} + \cdots + \alpha + 1 = 0$ 的根。这样，方程的根就可表达成

$$x_1 = q_0 + q_1 S^{\frac{1}{m}} + q_2 S^{\frac{2}{m}} + \cdots + q_{m-1} S^{\frac{m-1}{m}}$$

$$x_2 = q_0 + q_1 \alpha S^{\frac{1}{m}} + q_2 \alpha^2 S^{\frac{2}{m}} + \cdots + q_{m-1} \alpha^{m-1} S^{\frac{m-1}{m}}$$

$$\vdots$$

$$x_{m-1} = q_0 + q_1 \alpha^{m-2} S^{\frac{1}{m}} + q_2 \alpha^{2(m-2)} S^{\frac{2}{m}} + \cdots +$$

$$q_{m-1} \alpha^{(m-1)(m-2)} S^{\frac{m-1}{m}}$$

$$x_m = q_0 + q_1 \alpha^{m-1} S^{\frac{1}{m}} + q_2 \alpha^{2(m-1)} S^{\frac{2}{m}} + \cdots +$$

$$q_{m-1} \alpha^{(m-1)(m-1)} S^{\frac{m-1}{m}}$$

利用 α 的性质,从上述方程组中可以解出

$$q_0 = \frac{1}{m}(x_1 + x_2 + \cdots + x_m)$$

$$q_1 S^{\frac{1}{m}} = \frac{1}{m}(x_1 + \alpha^{m-1} x_2 + \cdots + \alpha x_m)$$

$$\vdots$$

$$q_{m-1} S^{\frac{m-1}{m}} = \frac{1}{m}(x_1 + \alpha x_2 + \cdots + \alpha^{m-1} x_m)$$

由此可知,高次方程所有根都可由根的置换式表达出来。拉格朗日据此意识到了根置换式的重要性,并据此提出了一种系统求解高次方程的求解方法。

柯西在拉格朗日研究的基础上,将根置换式单独拿出来进行了进一步研究,并在 1815 年发表了关于根置换式取值数量的论文。在这篇论文中,为了研究根置换式取值种类数量,柯西引进了复合置换的思想,这便是后来群论中的乘法运算。尤为重要的是,通过研究,意识到复合置换运算与数域中的乘法运算

很不一样，前者不能交换，后者可以交换。经过柯西这样的第三次抽象，我们看到群论思想已经呼之欲出了。

完全透彻理解群论思想的无疑是伽罗瓦。伽罗瓦不仅从前人那里理解了根置换式的重要性，而且做了进一步简化、抽象。根置换式中的单位根及其取值都非本质，真正本质的是根置换本身，这反映了扩域系统的对称性或者说扩域系统对称的程度。而且，伽罗瓦清晰地意识到系统的对称程度是系统的最为本质的特征之一，发明了用置换来刻画系统对称程度的方法，即伽罗瓦群。至此，群论思想便诞生了。伽罗瓦在这一思想指导下，创立了绝妙的、强有力的群论。从上述分析我们可以感受到：抽象的本质就是抓住主要的，丢掉次要的。

一般认为，创立群论的伽罗瓦是天才，这是从群论创立的结果所看到的，因为群论确实太新奇了，完全不同于以前的数学。但是，如果了解了上述群论思想的诞生过程，我们或许会觉得群论创立其实是必然的，是长期探索和不断思考的必然结果。每一次抽象过程绝非不可琢磨，实际上，每一次抽象过程都是较为合理的数学抽象过程。因此，与其说群论是天才的发现，不如说是人类在欧几里得几何所奠定的学术传统下不断探索的结晶。如果说有天才，那么天才的最大特征或许应该是热情与专注。当然,四次抽象的更细微机理,也就是这四次抽象究竟是怎么得到的,在怎样的条件下一定会得到,还是说不清楚,我相信创造者本人也未必说得清,这就是真正的原始创造本身的不可预测性、神秘性,这或许就是生命中蕴含的真正原创力的本质。

这启示我们:原创力培养更多地应该依靠营造氛围,让受教者感受创造过程的不可预测、神秘,体会探索的孤独、恐惧、艰辛,而不是让受教者过多被动地接受对求解答案的剖析。国内奥林匹克竞赛(奥赛)顶级高手很少成为大家,可能与所受教育、训练方式有关。国内奥赛训练,通常为了迅速提高解题能力,往往过早、过多地阅读和记忆了奥赛题的求解答案,过多地接受了奥赛名师对奥赛题的剖析,忽略或者说不愿意花时间切身体会对奥赛题求解探索的煎熬。貌似早成,实为后劲不足。看似赢在起跑线,其实可能输了一生。

朱雀桥边野草花，乌衣巷口夕阳斜。

旧时王谢堂前燕，飞入寻常百姓家。

——刘禹锡《乌衣巷》

这是林风眠大师的一幅仕女画，诠释着超凡脱俗。

第
8
章

回望群论创建

现在让我们站在问题解决的高峰,回望一下解决问题所走过的路,看看能否从群论的建立过程中获得一些启示,为我们未来的创新提供一点营养。

群论创建起源于高次方程求解的探索。大量的求解尝试培育出一种意识:根表达式置换的对称性与开根号所得根的圆周均匀分布很不一致。这种意识也许很多数学家都有,但大多是模糊的,对其重要性认识不足,更没有人意识到它是一种新理论的基石所在。只有伽罗瓦在前人探索的基础上,逐渐清晰地察觉到这种不一致是问题的本质、核心,需要建立一种新的数学理论才能阐释清楚这种不一致现象。

如何建立数学理论?欧几里得几何便是建立数学理论的一个模版。建立理论就是要将研究对象说清楚,推理规则说清楚。不同的理论无非就是不同的研究对象和推理规则。不难想到,这里的研究对象应该是开根号带来的数范围的变化以及根的置换。由此提炼出数域和群两个重要的概念,作为新的数学理论的研究对象。推理或运算规则是数学理论强有力的根本。为此,将加、减、乘、除运算延至数域之中,在群中建立乘法运算及其规则。

有了研究对象及其运算规则,便可对数域和群展开深入研究了。将线性代数用于数域研究,利用多项式辗转相除知识,便弄清楚了开根号扩大的数域属性及其结构,这便是我们得到的分裂域的正规性和单代数扩域结构定理。

利用群的定义及运算的封闭性,可以得到关于群与子群阶数关系的拉格朗日定理。为了定义群与子群之间的商群,我们弄清楚了商群唯一定义的前提,提出了正规子群的概念,并严格定义了商群。这样群概念便成为研究数学结构的强有力工具。

在对数域和群各自都有了解之后,便可以研究它们之间的联系。为此,伽罗瓦在开根号扩域中建立了伽罗瓦群。利用单代数扩域结构定理,便可很容易建立起伽罗瓦群阶数与扩域次数的相等关系,这便是群域等数定理。进一步,利用单代数扩域结构定理以及群的封闭性,可以建立伽罗瓦扩域可逆定理以及伽罗瓦群可逆定理,由此便得到了群论的核心基本定理。这个基本定理建立了从两个角度察看伽罗瓦群的一一对应关系。这两个角度分别是:利用韦达定理,从根表达式形式出发察看伽罗瓦群;以及从多层开根号扩域角度去察看伽罗瓦群。

如果 n 次方程根表达式存在,利用韦达定理,察看其最终根表达式,我们知道其伽罗瓦群同构于对称置换群 S_n。另一方面,从多层开根号扩域角度去察看求解过程可知,存在一个正规扩域序列 $F = K_0 \subseteq \cdots \subseteq K_i \subseteq K_{i+1} \cdots \subseteq K_r \subseteq K_{r+1}$,定义在此序列上的伽罗瓦群 $\mathrm{Gal}(K_{i+1}/K_i)$ 是交换群。由群论基本定理的一一对应关系可知,S_n 存在一个正规子群分解序列,其商群与 $\mathrm{Gal}(K_{i+1}/K_i)$ 同构,即也是交换群。至此,我们得到了一个重要结论:对称置换群 S_n 的分解子群序列

必须满足其商群 H_i / H_{i+1} 是交换群。这是开根号所得根的圆周均匀分布特征所带来的对群分解序列的本质要求。

那么交换群有什么性质呢？如果一个群不是交换群，那么是否可将其变成交换群呢？如何变呢？不难发现，交换群中任意两个元素的换位算子一定是单位元。反之，如果一个群中若有两个元素，其换位算子不是单位元，那么这个群一定不是交换群。由此可见，换位算子很重要，因为它把判断交换群变成了一个运算。我们进一步考虑，如果一个群不是交换群，那么换位算子作用于其上任何两个元素所构成的集合一定不是只有单位元的集合，那么这个集合具有什么特征呢？我们发现，这个集合是初始群的一个子群，初始群与此换位子群的商群一定是交换群，而且这个换位子群是使原群变为交换子群的最小子群。这就是说，如果一个群进行一系列分解，保证每次分解后的商群是交换群，那么这个群的换位子群一定是这个分解序列中的不变量。这使我们对对称群 S_n 的分解序列 $1 = H_{r+1} \subseteq H_r \subseteq \cdots \subseteq H_{i+1} \subseteq H_i \cdots \subseteq H_0 = S_n$ 又有了进一步认识，这就是任何一个 H_i 都必须包含 S_n 的换位子群。但这是不可能的。因为如果 n 不小于 5 时，总有 3 轮换群的换位子群仍是 3 轮换群，这表明 S_n 不可分解到单位群。

以上简要回顾了伽罗瓦群理论的构建过程，从中可以看到：群论创造过程实际上就是对方程求解的总结、提炼和抽象过程。这个抽象过程本质上就是从两个新的角度：数范围的扩大和扩大后数范围的对称性特征来观察方程求解过程。数域、扩域、正规扩域、伽罗瓦扩域等一系列重要概念就是通过观察数范围扩大过程提炼出来的；群、子群、正规子群、商群等重要概念正是通过观察扩大数范围后的对称性特征提炼出来的。综合这两个角度，伽罗瓦创造出伽罗瓦群概念，进而得到群和域之间一一对应以及伽罗瓦子群序列之间商群为交换群等重要结论，从而整个地理解了高于 5 次的多项式方程无根式表达式的基本结论。

从中我们还可以感受到：理论往往埋藏于好的数学问题之中。对于好的数学问题需要深入、反复的思考，需要站在统一的高度，需要发现新的视角，才能看到一些基本事实，它们往往是理论构建的源泉和基础。这些事实看似平凡，但经过推理或运算，能构筑苍天大厦。欧几里得的几何如此，伽罗瓦的群论同样也如此。

绿蚁新醅酒，红泥小火炉。

晚来天欲雪，能饮一杯无？

——白居易《问刘十九》

细致的日常生活描写，唤醒人们感受平凡生活的意趣美。

这是后印象派画家梵高的代表作之一。画中的场景是现代生活的一个典型场景：夜晚露天咖啡屋。这是现代人容易产生共鸣的一个生活场景。但是，这幅画并不是生活场景的逼真描绘，而是一幅梵高用色彩构想出来的场景。身处这种场景，既有"什么都可以想，什么都可以不想"的从容、安宁，又能享受灯火通明的现代物质文明。这可能就是梵高用色彩语言想达到的效果。

第
9
章

群论、微积分、复数

上述群论建立过程,让我们切实体会到抽象的群论来源于对高次方程求解这个核心问题的研究,来源于研究这个核心问题所观察到的几个简单基本事实。但是,这个简单的事实绝不是用老观点、老视角所能观察得到的,而是新观点、新视角下的自然产物。**所谓抽象实际上是站在统一的高度,采取特殊的观察角度;所谓高明的抽象是发现了一种极易看清事物本质的角度,把不同事物联系起来。数学上的抽象是一种可运算的观察角度。这种抽象不仅仅体现在群论的发明中,而且还体现在微积分、复数等重要数学概念的发明中。**

我们知道,17 世纪物理上迫切需要给出瞬时速度和瞬时加速度的定义以及相应的运算规则。根据常识,我们很容易知道平均速度就是走过的距离与走过这段距离所需的时间之比。依据这个平均速度的定义,我们自然就会给出:瞬时速度就是在趋近于零的时间里所走过的距离与趋近于零的这段时间之比。根据这个定义,我们要计算瞬时速度似乎就无法绕开如何计算 0/0 这样一个基本问题。这使我们陷入困境。伟大的数理学家牛顿,在思考这个问题时,换了一个角度:将趋近于零这段时间看成微小变量,这样就可给出在这个微小变量下所走距离的表达式。用这个距离表达式去除以这个趋近于零的时间微小变量,然后再令趋近于零这个时间变量为零,牛顿发现上述 0/0 困境就完全绕开了。譬如,假设距离和时间

的关系为 $s=t^2$。在 t 到 $t+\Delta t$ 时间里所走过的距离为 $(t+\Delta t)^2-t^2=2t\Delta t+(\Delta t)^2$，将这个距离与 Δt 相除得 $2t+\Delta t$，再令 $\Delta t=0$，便可得到在 t 时刻的即时速度为 $2t$。由此可见，换个角度看问题很重要。牛顿意识到了这一点。不仅如此，牛顿还仔细分析了这个观察角度考察问题的关键。不难看到，绕开困境的关键在于，先将趋近于零的时间看成一个微小变量，研究在这个微小变量下的因变量变化，最后再让微小变量趋近于零。换言之，将微小变量趋近于零的过程放在整个计算的最后是这个处理方法的关键。而要实现这个关键就需要能将原表达式展开成关于微小变量的表达式。对于因变量是关于自变量为整数阶多项式的关系来说，我们有现成的二项式定理很容易完成这件事。可是对于分数阶二项式如何展开呢？对于一般函数如何展开呢？牛顿沿着这样的视角，发现了分数阶二项式展开公式，以及其他函数的展开公式，创建了强有力的数学工具——微积分。

　　下面再来看看复数的发明。我们知道，复数也来源于方程求解的研究。在实数域，方程 $x^2+1=0$ 无解。可是，如果我们换个角度看这个方程，发明一个数，称之为虚数单元 i，使它的平方等于 -1，那么这个方程不是有解了吗？沿着这个视角，制定虚数运算的规则，欧拉发现了一个重要恒等式 $(re^{ix})^n=r^n(\cos nx+i\sin nx)$，利用这个关系，高斯证明了：$n$ 次多项式方程有 n 个根的代数基本定理。随后，柯西、黎曼、魏尔斯特拉斯等人将复数引入微积分,发现了一系列重要的关系,使复变函数成为分析数理问题的重要工具。这一切源于我们换个角度去看方程 $x^2+1=0$ 的根。

一题多解是训练我们多角度看问题的很好方法。高斯就特别重视这种方法。高斯先后给出过 4 种代数基本定理的证明,8 种二次互反定理的证明。每一种新的证明无非是换一个角度去看问题。这种多角度看问题,不仅仅可以加深对问题、对已有工具的理解,更为重要的是,它往往能孕育新的思想、新的理论,这或许是数学创造的最重要方式之一。

千山鸟飞绝,万径人踪灭。

孤舟蓑笠翁,独钓寒江雪。

——柳宗元《江雪》

这是明代杰出画家徐渭的《墨葡萄》。这里徐渭进一步展示了泼墨技法的优势——用泼墨能更加逼真地展现葡萄及其叶子的生命。

第
10
章

群、诗、画

新的视角往往是数学创造的源泉。其实，又何尝只是数学，诗、画等艺术又何尝不是如此。

"横看成岭侧成峰，远近高低各不同。不识庐山真面目，只缘身在此山中。"这是一首大家熟知的诗，表达了诗人在看山时的感受。套用这首诗，人们在群论创造中的感受或许可以表达为："横看成岭侧成峰，高低远近各不同。要识群论真面目，多角细察构想中。"

一首好诗往往是从一个新的视角观察，发现一种新的感受。"黄河之水天上来，奔流到海不复回"，在于将黄河之水与天连接的构想，写出了对黄河之水磅礴气势的一种新感受。"月落乌啼霜满天，江枫渔火对愁眠。姑苏城外寒山寺，夜半钟声到客船。"这首诗最给我带来艺术感受的是"寒山寺传来的钟声"，那种遥远、悠扬、沁人心脾的意境。"明月松间照，清泉石上流。"可以说发现了整个夜色中能直通心灵、唤起心灵愉悦的关键。"生活就像海洋，凡是有生活的地方，就有快乐和宝藏"，这完全是对生活的一种新的视角。

一幅好画往往不取决于对人物、场景复原的逼真程度，而是在于能否发现可以唤起人共鸣的视角，并对这种视角下的美进行修饰、加强、扩大、构建。齐白石说"作画妙在似与非似之间"。在我看来，这里的"似"是指抓住了特殊视角下能彰显人物、场景神韵的部分，"不似"是指忽略那些不重要的部分。齐白石画的妙就在于总能发现虫、虾、人等最生动的一面；黄宾虹晚年画风的突破在于发现了一种用积墨层层叠加的方式表现出山水的重、厚、仁；莫奈的《日出》在于发现了一种旭日东升下水面、天空色彩斑斓的朦胧美；梵高的《夜间露天咖啡馆》在于发现了用色彩能构建一种能让都市忙碌的人们休憩的画面。

多视角看自然，是科学创新之源；多视角看人生，是艺术创新之源。

前不见古人,后不见来者。

念天地之悠悠,独怆然而涕下。

————陈子昂《登幽州台歌》

极其准确地描写出一个先行探索者的生存状态。

这是明末清初杰出画家八大山人的一幅画。八大山人继承了前任写意的传统，并且有新的发现。这个发现就是：花、鸟关键部分的变形能增加趣味，仿佛能替人表达情感。

第
11
章

群论、原创力、教育

群论是一项极具原创力的工作,是由伽罗瓦完成的。但是,这绝不意味着其他学者对此毫无贡献。对方程求解直接有贡献的就可以列举出一长串名字:塔尔塔利亚、卡尔丹、费尔拉里、欧拉、拉格朗日、鲁菲尼、柯西、阿贝尔等,他们的工作直接或间接地肥沃了群论诞生的土壤。群论的诞生是人类对求解高次方程这一核心问题长期探索、不断积累的飞跃。

群论的诞生历史告诉我们:原创力往往诞生于对核心、具体问题的长期探索、不断积累。这启示我们要提高原创力,就需要弄清我们所研究的问题是否是学科最本质、最核心的问题,内涵是否清晰、明确;需要有长期探索、不断积累的思想准备。急功近利与原创力背道而驰。

这不仅是群论创造带来的启示,文学同样如此。屈原的《天问》、陈子昂的《登幽州台歌》都是诗人对天地演化、历史发展长期思考的感情迸发。

绘画艺术中的创造更是如此。文艺复兴时期绘画艺术的突破来自于思想观念的突破。这一时期的哲学观念是关注人自身和现实的美,而非神。透视原理这一古典绘画艺术基本原则的发明和确定,正是对如何逼真绘画人和自然景观长期探索、不断积累的产物。印象派画家的形成来自于对绘画对象的扩大。这一时期的画家已不满足于描绘静态的、理想背景下的人和自然,而是要捕捉瞬态的、复杂背景下的人和自然美,这种美更符合现实,更易与人产生共鸣。后印象派画家以及其他现代画派的诞生则来自于对绘画对象的进一步不同含义下的深入。这些画家已不满足于描绘人和自然的外在形式,而是要反映观赏人的心理状态。对这一问题的探索和研究,发现了色彩、变形与人心理的复杂关系,并成为绘画中的重要语言。

无疑,原创力来自于对核心问题长期深入的思考。这个过程往往是漫长、孤寂、不可预测的生命体验,像伽罗瓦对于方程求解的探索、梵高对于向日葵的观察和绘画、黄宾虹对于山的观察和绘画,都是如此。在这个探索过程中,一定是越走越深、越走分支越多,甚至会迷失。所以还需能不断地从问题中走出来,走到问题的外面,站在不同角度反复凝视,不断舍弃次要元素,不断提炼,直至本质显现。这又是一个追求简洁的过程。由此可见,深入不是目的,只是过程,我们深入是为了浅出。之所以能浅出,在于我们发现了最佳的观察角度。对科学而言,从这个角度出发能看到一些基本事实,基于这些基本事实能构建一个逻辑的体系,将道理阐述得最为透彻,问题解决得最为彻底,欧几里得的几何、伽罗瓦的群论、牛顿的力学、麦克斯韦的电磁理论都是如此;对艺术而言,从这个角度能看到最直接、最容易唤起人共鸣的东西,我们的艺术便是留下、强化这些东西,而忽略其他。李白用绮丽的想象来构建对不同事物感受的联系;梵高在追求用绘画表达内心的探索中,发现了色彩与心理之间的联系,发明了用色彩表达生命特征的方式;黄宾虹发明了用积墨的方法,来表达山的浑厚华滋。这些都是深入浅出的典范。

这个追求浅出、追求简洁的过程很多时候是抽象的。群论是抽象的,之所以抽象实际上是因为日常学习生活中较少从深层次的对称性这一角度看问题。倘若反复练习从这一角度思考问题,抽象的东西也会变得具体,即熟"抽象"而生"具体"。我猜测代数几何学家格罗滕迪克之所以能像我们思考具体问题一样去思考抽象问题,盖缘于其所受数学训练与常人不同,更多地始于抽象数学。

因此,原创力的诞生不仅需要对核心问题的长期深入研究,而且更为重要的是,需要对研究观察到的事实进行不断、反复的抽象,直至发现最佳观察角度,并在这一观察角度下发明一套理论或语言。说白了,原创力的诞生需要深入浅出。深入不能浅出的结果只能是迷失。这种深入浅出,说得更准确些就是简洁,是一种最高形式的美,正如达·芬奇所说:"Simplicity is the ultimate form of sophistication."

追求简洁是人的一种基本欲望,这种追求简洁的欲望是原创力的本源之一。因此,原创力深埋于人性之中。人性的自由发展是获得原创力的前提。外在的目标设定和强制都很难得到原创力,充其量只能得到一些集成性的创新。尤其是当强制的外在目标与人性矛盾后,这种强制只会扼杀原创力。

当然，这种渴望简洁的本性也会带来很多问题，成为人性的弱点。譬如：在根本没有规律的地方，为了简单，往往会牵强给出所谓的简单的合理解释；为了简单，总是倾向于接受一些暗合自己观点或理论的事实，排斥不合的事实。

由此可见，这种追求简洁的本性既是人类原创力的本源，也是造成人类各种偏见的原因。**我们需要通过剖析人类创造出来的精华，去点燃、诱导人们将对简洁追求的欲望转化成一种真正的原创力，避免造成武断、偏见。**没有内心激动的简单记忆，机械重复的教育是远远不够的，需要对诸如群论等人类智慧来龙去脉地深入挖掘，激动澎湃地反复理解、赞美直至内化于心。不仅要在意识层面能记忆、理解，而且要通过长时间的反复累积，不同场合的多角度应用，深入到我们的潜意识之中。或许这才是教育的终极目标！

士之读书治学,盖将以脱心志于俗谛之桎梏,真理因得以发扬。思想而不自由,毋宁死耳。斯古今仁圣所同殉之精义,夫岂庸鄙之敢望?先生以一死见其独立自由之意志,非所论于一人之恩怨,一姓之兴亡。呜呼!树兹石于讲舍,系哀思而不忘。表哲人之奇节,诉真宰之茫茫。来世不可知者也。先生之著述或有时而不彰,先生之学说或有时而可商。惟此独立之精神,自由之思想,历千万祀,与天壤而同久,共三光而永光。

——陈寅恪《王观堂先生纪念碑铭》

古文朗朗上口、铿锵有力所带来的韵味,美的感受,足以不朽!

思想自由是原创力的基石。

这是林风眠大师的一幅秋鹭。《林风眠传》告诉我们，林先生是一位纯粹的艺术大师，曾追随蔡元培先生"以美育代替宗教"的教育思想，抱定艺术救国的信念，创办国立北京艺专和国立杭州艺专。可惜，其艺术主张未能在中国坚持。这个结果是注定的。纯粹的艺术不仅救不了国，而且，在某些时候会极其脆弱。艺术的价值和力量可能需要很长的时间维度才能显示，百年甚至更长。

林风眠的画有意境，具有原创性。这幅画营造了一种孤寂、苍茫的氛围，表现了"渚清沙白鸟飞回"，是林风眠喜爱表现的一种意境。林风眠大师说过：任何艺术都是暗示。这幅画在暗示什么呢？或许在暗示：在前不见古人，后不见来者的苍茫大地中前行，常常是孤寂的。前行的方向只能来自于内心。这是自由的代价，是获得原创力的代价。

索引